······

张力升 著

重庆出版集团 重庆出版社

"职场菜鸟
的成功圣经"
——30万年薪的30岁

图书在版编目(CIP)数据

职场菜鸟的成功圣经 / 张力升著. 一重庆: 重庆出版社, 2009.12

ISBN 978-7-229-01542-8

Ⅰ.①职… Ⅱ.①张… Ⅲ.①成功心理学—通俗读物 Ⅳ.①B848.4-49

中国版本图书馆 CIP 数据核字(2009)第 224102 号

职场菜鸟的成功圣经

ZHICHANG CAINIAO DE CHENGGONG SHENGJING

张力升 著

出 版 人:罗小卫
策　　划:重庆出版集团图书发行有限公司
执行策划:龙云飞　鲁渝霞
责任编辑:陈建军
封面设计:重庆出版集团艺术设计有限公司·黄杨

 重庆出版集团
重庆出版社 出版

重庆长江二路205号　邮政编码:400016　http://www.cqph.com

重庆出版集团印务有限公司印刷

重庆出版集团图书发行有限公司发行

E-MAIL: fxchu@cqph.com　邮购电话:023-68809452

全国新华书店经销

开本:880mm×1 230mm　1/32　印张:10.5　字数:232 千
2010 年 1 月第 1 版　2010 年 1 月第 1 次印刷
ISBN 978-7-229-01542-8
定价:22.00元

如有印装质量问题,请向本集团图书发行有限公司调换:023-68706683

目录

的兴趣爱好变成自己的工作，便成了职业生涯规划服务

最需要解决的问题。

第五篇　找工作是一份重要的工作

为了找到合适的工作，要像做工作一样认真投入地来求职，把这当成工作。人生的诀窍就是经营自己的长处，如果用短处而不是长处来谋生的话是非常危险的，可能会永久地沉沦。无论前景如何不明朗，作为未来的职场人士仍要义无返顾。

第六篇　面试如战场，斗智为先

面试是决定你能不能进企业的关键，机会总要靠自己去创造。你对所应聘的公司是否了解很重要，面试时要调整好心态，用一种自信乐观的心态去面对。面试带有一定的偶然性，不能把职业成功的宝都押在求职技巧上。

第七篇　职业生涯从琐事开始

踏进职场后，要能够根据现实调整自己的期望值。整天做琐事很正常，要在职场生存只有老老实实脚踏实地做人。如果你觉得天天都在学习，每天都进步了一点儿，再单调的工作也不会厌倦。试用期要多考虑自己是否真的适合在该单位工作，你的待遇取决于你的价值。

第八篇　第一次的光荣

职场新人的理想和现实会有差距，只有成长起来了，

做出业绩，自己成功的概率才会增大。企业的潜规则是约定俗成的，如果你没有把握住，对职业生涯的影响是致命的。要把同事也当成客户一样对待，才有可能取得职场第一次的成功。

上司是新人们职场上的启蒙老师，从他们身上学到的准则会让新人受益匪浅。上司通过"架子"来显示自己的权力是无可非议的，不要害怕上司。聪明些、圆滑些是下属应具备的素质。也许你在某些方面比上司强，但他肯定有些地方是你所不及的。

虽然老板管着你，实际上你也有管理老板的办法。打工的人要调整好心态，多从老板的角度来理解老板，就不会经常有寄人篱下的感觉了。要想获得老板的信任与器重，必须抓住机会来证明自己的忠心与称职，多和老板交流。千万不要表现出自己比老板还高明。

同事关系是最重要的人际关系，他们陪你的时间最长，决定了你的职场生活质量。和他们打交道要宽容，不要因为你的敌人烧伤你自己，"得饶人处且饶人"。遇到不满要有效地抱怨，重要的是少说一些，更多地去倾听，你会拥有更多。

在职场里除了要有能力，还要有善于与同事合作、形成团队的意识。龟兔合作就会无往不胜。嫉妒别人不能赢得友谊，要微笑地面对生活，友善地对待周围的同事。人总要生活在一定的集体之中，要想成为职场中的常青树，就必须去用心实践团队的精神。

成功就意味着心血的付出和艰辛的生活，对谁而言都一样。职业生涯就像我们面对的一级级台阶。要想成功必须具备很多因素，要有自我挑战的习惯，要独立思考，要有面对困难和失败的勇气，还必须具备坚忍的精神。无论是做老板还是做经理人都应该如此。

新的职业环境对人才的素质提出了新的要求，职场人士要想获得技能只有努力学习。此外还必须明了办公室政治应对策略，学会保全自己，建立起自己的人脉网络，这不仅会让你的工作变得更愉快，还能在你需要的时候助你一臂之力。

在充满市场竞争的现代职场，性格至关重要。如何应对压力是职场人士需要重视的问题，我们的态度不是逃避压力，而是缓解压力，有效地应对压力。压力如果

转化得当，就能变成动力，经受住了逆境的锤打，在顺
境中我们就将无敌。

职场人士所面对生存的压力，不是努力加苦干就能
应付的。坏心情是自找的，我们要学会及时调节心态。
很多危险的产生在于我们对待敌人的心态。与其让无可
挽回的事实破坏我们的情绪，还不如坦然接受，并加以
适应，要找时间放松自己。

薪水对于白领阶层而言，还应该包括对人力资本价
值的肯定。多数所谓的"低薪"工作者所获得的收入不
是他们真实职业价值的体现，他们因为这样那样的原因，
使得自身的价值没有得到体现。最好能主动向老板提出
加薪要求，不得已时再走人。

如今国内一些职场经理人年收入可以达到百万，这
种现象在未来几年还会愈演愈烈，到那时候年薪百万不
是梦。要在一个行业积累起经验需要多年的努力，所以
选择自己喜爱的行业，你才能始终如一地工作下去，就
有更大的希望拿到高薪。

这是一个不断学习的年代，如果你不想成为被淘汰

者，只有不断学习。不断学习意味着你的职场地位越加稳固。充电找准定位最重要，这将决定学习的方向。对于转行的人来说，先充电可以视作是为转行所做的准备工作。

要充电成本是不能不算的，看是不是划得来。具体如何充电还得细细思量，一不小心就会好事成了坏事，反而越学越穷。一定不能脱离个人的职业规划，不仅要认清自己，也要认清外界环境。洋证书和其他任何学习一样只是一种储备，而不能改变命运。

按照学校的教育所坚持的东西对自己的职场生存未必有帮助。过分依赖工作能力会影响我们有效地融入到团队之中。如果你处理不好与周围的关系，你离卷铺盖的日子就不远了。要想不被开掉，最直接的办法是做出工作业绩来，并让人知道，靠本事保住位置。

你要想在职场中成功，就必须争取不断升迁，这样才会有前途。你得把你的工作和升职大计结合起来，而且要保证大家对你产生认同。没有发展空间的升职未必有利于你的职业规划，要保持平和的生活和工作心态，对于负面影响要有足够的心理准备。

不愿再从事下去，但该怎么做却一筹莫展。赚公司竞争

对手的钱要具备条件。

要使新公司相信，你会忠诚地一直干下去。离职也

要讲诚信，每一份工作都是一种缘分，与原单位维持这

种缘分是有百利而无一害的，最好还是好聚好散。集体

跳槽可以使全体人员快速适应新环境，及时进入状况。

想自主创业的要采取有针对性的措施。

职场女性要相信，别人歧视的不是你的性别，而是

你的能力，要能承受压力。职场是让别人信任和依靠自

己的场所，融合与被融合是最重要的，要控制好自己的

情绪。压力的疲劳反应是自然的，但应对方式却是可以

选择的。工作是女性获得充实生活的保障。

办公室是工作场所，是职业环境。职业女性必须成

为敢闯的女孩。需要展示你的女性身份和女性优势时，

就去展示，否则就做中性人。女性在管理层具有优势与

特长，更适合创业，但劣势是缺乏冒险精神。不可忽视

可能遇到的困难与挫折。

人在职场，开始讨厌工作的期限与每个人的经历息

息相关。工作大都是随遇而安，"结婚"了就要履行合同以内的义务。每个人都应该为自己的选择付出代价，无论是甜蜜的还是失意的。工作只要有希望就不要轻言放弃，也许会有意外的收获。

第三十一篇　以此为家

职场人士的婚姻困难就在于心理定位自我拔高，恋爱成了一件奢侈的事情。现实会把同事慢慢磨成了亲人，工作场所是最有可能寻找到意中人的地方，但要谨慎处理。办公室恋情最精彩部分就在于必须掩过众人耳目，有平常恋爱所不能体会的快感。

第三十二篇　生活的真谛

工作能给我们的不应该只是薪水，如果我们觉得不快乐，不安全，完全可以改变这种状况，放弃一些东西。我们可以找到支持改变的方法，工作是为了更好的生活。人不可同时选择多个参照，那样只会让自己混乱，难以做出理智的决定。

第三十三篇　适时离去，但会回来

最艰难的不是创业，而是适时的退出。工作狂的出现是现代社会造成的，退休不是生活的尾声，而是另一种生活的开始。用休闲来养精蓄锐以赢取更大的成就，也积累人生的幸福。人生是自己的，可以有多种形式的选择。觉得必要，中间歇下来也未尝不可。

第一篇　马屁股的哲学

要做到最好，一定是要在正确的时间做正确的事，一开始就要选对行，越早越好，即便暂时的代价很大，但你如果迟疑的话，以后的代价就会更大。职场经历就是一个熬字，意味着在错误的时间里不要做错误的事，两者同样的看似简单实则艰难。

要做到最好，一定是要在正确的时间做正确的事，一开始就要选对行，越早越好，即便暂时的代价很大，但你如果迟疑的话，以后的代价就会更大。职场经历就是一个熬字，意味着在错误的时间里不要做错误的事，两者同样的看似简单实则艰难。

抬起头的时候才发现已经是傍晚了，不知什么时候打开了灯，公司里一片灯火通明。走出我那间办公室，看见大厅密密麻麻的隔断里面还有几个同事在加班。多数人都下班走了，剩下的这几个也就不再有什么拘束，声音不知不觉就放得开了，这在平时可是不行的。

他们见我走过来，马上收敛了一些。我看着这几个同事，多是刚刚招聘来的应届毕业生，一个个年轻气盛、意气风发的样子。其中的两个因为在一个问题上看法一致，还来了一下击掌，好像是最好的 partner。

这个镜头突然让我有些伤感。我已经 30 岁了，而立之年，仿佛转眼之间跨越了一个时间的门槛，一切都和以前大有不同。我还有 partner 吗？也许还有，但仅仅是同事关系。**人到 30，早已不再把同事当朋友，也不再轻易地发表任何意见，对别人的话最多也只接受一半，学会了忍耐，学会了打落牙齿吞到肚里，学会了卑恭屈膝，也学会了残忍。**

这一切，可能都是刚入职场的那些年轻人想像不到的，包括我自己。在他们这个年龄的时候也根本无从想像。热诚与进取心被岁月打磨成了这副样子，当初谁能想到呢？但人在职场，就不得不如此，那些成功的人其实在 30 岁之前更早地明白了这个道理。

前几天见了一个投资公司的副总。他在江湖上漂了好多年，从原来一无所有做到上市公司的销售副总，接着自己出来做，遇见一个有钱的香港人，成立了一家投资公司，自己占了 30% 的股权。现在在走上层路线，据说在运作省级领导的升迁。他的话我只听进了一半还不到，但是他大学毕业的时候找工作的经历却让我刮目相看。简单说就是，**他闯进大学里曾有一面之缘的厅长的办公室，被羞辱了一个月后，终于拿到了他的批条。也许强者就是被羞辱出来的。**最后，我们愉快地讨论了关于做人的善与狠的辩证关系，并对今后的业务合作达成了一种口头上的协议（当然变现的可能性极小）。

刚刚在社会上打拼，除了纯粹技术型的人才，一般人对自己的未来职业规划无非两种。一种是做一个创业者，也就是说，积累了一定的经验、关系和财富之后，自己来做老板；另一种则是职业经理人，拿着高薪甚至股份为别人的公司打工，也就是我们常说的"高级打工仔"。

拿一万元创造出一亿的财富，这种人我们称之为创业者，如陈天桥。

从倒水扫地做起，做到令人相信他有掌控十亿资金的能力并把生意交给他打理的人，我们称之为职业经理人，如唐骏。

自己道路的选择，自己往往无法作主，有太多偶然的不可预见的因素。因此无论用偶然还是必然来形容陈天桥（史玉柱/黄光裕/唐万里/……），都是不妥的。**"在正确的时间做正确的事"，仅此而已，做到却何其艰难**！

有的人做到了，于是他功成名就。

有的人终其一生都没有做到，于是他注定郁郁寡欢、庸庸碌碌。

下午有个刚来上班还不到三个月的应届毕业生，男的，来我的办公室里找我，递出了一份辞呈。他辞职的理由是，觉得这份工作不适合他。

说实在的，我很佩服他的勇气。要知道，他的自身条件并不过硬，本科毕业而已，又不是名校，专业也不是热门，这样的资历在北京可是大把抓的。而我们这家公司呢，是一家知名的外企，待遇高，工作体面，是很多人求之不得的。每次的招聘会上，我们的展台都被人围得满满的，简直称得上水泄不通了。可他为什么还要辞职呢？

他的理由背后的准则就是那条"在正确的时间做正确的事"。他对我说，公司虽然很好，经过这不到三个月的工作，他觉得并不适合他的发展。他虽然能够胜任本职工作，甚至坚持下去还有升职的可能，但这里的工作与他的性格和志趣不相符合，他虽然能够做得好，却不能够做到最好，因为要做到最好，一定是要做那些与本人的性格和志趣极为投合的事情。他希望在时间还不太迟的时候就为自己解决掉这个问题。

我批准了他的辞呈，并且表达了希望与他继续保持联络的意思。这并不是客套话，而是因为从这件事让我真的很看好这个年轻人，在他这个年龄能认识到并且真正做到这一点是相当难能可贵的。我当年的同学有些已经成为了比较出色的职业经理人，在不错的公司里拿着20万甚至更多年薪。但他们中的多数都很不快乐，有一位甚至还去看过心理医生。我觉得其中的原因在于，他们从一开始就留恋已经获得的不错的岗位和薪水，却没有太多地考虑到自己是否"入错了行"。他们中的一些人，虽然工作上很有成绩，但这工作实在不适合本身的性格与志趣，他们咬牙去做可以做得不错，可以获得一份旁人羡慕的薪水，但做得并不快乐，而且非常吃力。尽管如此，他们在工作场合中还不能把这种不快乐的感觉表现出来，那种压抑真不是一般人能够忍受的。

我有时在想，以他们的天资与努力，如果找到一份能让自己快乐起来的工作，成就一定会比现在大很多。当然，更有一些人，一开始就留恋在刚出校门的那个年纪里还算不错的岗位和薪水，由于天资不算很高，渐渐地就完全适应不了和自己的性格与志趣不相符合的工作，所以一直在原地踏步。当其他人逐渐升到更好的位置的时候，他们这才感叹当初的选择是完全错误的。

我有一个同学就是这种情况，刚刚毕业的时候进了一家非常有名的公司，在一个不太适合他的岗位上拿着很高的薪水。现在他仍然在那个岗位上艰难地维持着，而当初的"高薪"呢，在几年之后我们这些同学的眼里早已成了低薪。

所以，一开始就要选对行，越早越好，即便暂时的代价很大。你如果迟疑的话，以后的代价就会更大，这可以用"路径依赖"的道理来解释。

"你对自己的现状满意吗?"这是大家经常问的一个问题。

"不满意，但是我没有更多的选择。"这是最常听到的回答。我们也许会奇怪为什么如此多的人对自己毫不满意，却不试图去改变它。据我了解有两方面的原因：

1. 我们已经习惯了某种工作状态和职业环境，并且产生了某种依赖性；

2. 重新做出选择，会丧失许多既得利益，甚至大伤元气，从此一蹶不振。

第一种原因用一个经济学的词汇来表达：路径依赖，它是类似于物理学中的"惯性"。一旦选择进入某一路径（无论是"好的"还是"坏的"）就可能对这种路径产生依赖。某一路径的既定方向会在以后的发展中得到自我强化。人们过去做出的选择决定了他们现在及未来可能的选择。好的路径会起到正反馈的作用，通过惯性和冲力，产生飞轮效应而进入良性循环；不好的路径会起到负反馈的作用，就如恶性循环，可能会被锁在某种低层次状态下。以下的故事也许有助于我们理解这一概念，并且加深印象。

美国铁路两条铁轨之间的标准距离是 4 英尺 8.5 英寸，这是一个很奇怪的标准，究竟是从何而来的呢？原来是英国的铁路标准，而美国的铁路原先是由英国人建的。那么为什么英国人用这个标准呢？原来英国的铁路是由建电车轨道的人所设计的，而这个正是电车所用的标准。电车的铁轨标准又是从那里来的呢？原来最先造电车的人以前是造马车的，而他们是沿用了马车的轮距标准。

好了，那么马车为什么要用这个一定的轮距标准呢？因为如果那时候的马车用任何其他轮距的话，马车的轮子很快会在英国的老路凹陷的路辙上撞坏。为什么？因为这些路上的辙迹的宽度是 4 英尺 8.5 英寸。

　　这些辙迹又是从何而来的呢？答案是古罗马人所定的。因为在欧洲，包括英国的长途老路都是由罗马人为他们的军队所铺的，4英尺8.5英寸正是罗马战车的宽度。如果任何人用不同的轮距在这些路上行车的话，他的轮子的寿命都不会长。

　　那么，罗马人为什么以4英尺8.5英寸为战车的轮距宽度呢？原因非常简单，这是战车的两匹马屁股的宽度。

　　等一下，故事到此还没有完结，下次你在电视上看到美国航天飞机立在发射台上的雄姿时，你留意看看在它的燃料箱的两旁有两个火箭推进器，这些推进器是由一家公司设在犹他州的工厂所提供。如果可能的话，这家公司的工程师希望把这些推进器造得胖一点，这样容量就可以大一些。但是他们不可以，为什么？因为这些推进器造好之后，要用火车从工厂运送到发射点，路上要通过一些隧道，而这些隧道的宽度只是比火车轨宽了一点。我们不要忘记火车轨道的宽度是由马的屁股的宽度所决定的。

　　因此，我们可以断言：今天世界上最先进的运输系统的设计，是两千年前便由两匹马的屁股宽度决定了。这就是路径依赖，看起来有些许悖谬与幽默，但却是事实。

　　职业生涯无法摆脱这种路径依赖。一旦我们选择了"马屁股"，我们的人生轨道就只有4英尺8.5英寸宽。虽然我们并不满意这个宽度，但是却已经很难从惯性中抽身而出。

　　"路径依赖"这个词，看上去很专业、很玄妙，其实应用到职场生涯当中也不过是个朴素而简单的哲理。从我手下这个辞职的年轻人的选择来看，从罗马时代就选择改变路径总比到了现代社会才选择改变路径要容易得多，未来付出的代价也会小得多。还有一点非常重要，**要做这样的选择，最好还具备另外两项素质：第一，能够正视自己；第二，不要盘算太多。**

这也是两个朴素而简单的道理，然而真正在30岁之前明白并且做到这两点的人实在不多。这两点，还是一个如今走了仕途的老同学在一起喝茶的时候对我讲起的。他把这样的道理叫做潜哲学，说自己的领悟是得自于一位老领导的推心置腹。他的话是这样的：

人的一生中，遭遇生命中的贵人不容易，但要明白一些普通的为人处世的道理也不容易。

最近，一心一意帮我的老领导推心置腹地跟我说，他曾举荐一个人从乡下调进城里工作，对他最大的帮助不是进步，而是工作环境的改变，使他从过去那种苦熬苦干、总不如人的阴影里走出来。只要离开了怯弱，就能与更多的领导、同事平等相处与对话。归结一句话就是，人在社会，正视他人和正视自己同样重要。

他跟我说的第二句话是，做一个人不要盘算太多，只要自身努力够了，就不要拼命去求人，有时想得越多、心越急切就越得不到回报，越是求人越是得不到施舍，等你不想的时候，它就会意想不到地属于你。有些潜规则与不能把握的东西，还是要顺其自然，人的进步与发展是相对的，该是你的东西终归是你的，不要强求。

30岁以前，我由于不懂得这些道理，不仅吃力，而且吃亏。有一年随领导从乡下应邀进城到某个单位做客，在领导交谈正事的间隙，我到走廊拐弯处打了个公用电话，没想到那单位有个年近半百的工作人员从对门走出来，未及向我打招呼，就责问我："谁让你在这里打电话？"——言外之意这电话哪是你能随便打的！欺负我当时年轻，是乡巴佬。这次"礼遇"留下的刺痛和阴影，使我终生难忘。加上自己出身卑微，总感觉低人三分，长时间压抑自己，保持低调，不敢正视他人，该亮出自己观点的时候没有说出来，久而久之在人们心目中的印象就成了"书生气"或成不了气候，谁都可以不在乎你。

现在想起来，类似于当时的那种情况是，乡下与城里，下属与上司，穷人与富人，在没有对等的情况下，压抑自己是完全没有必要的，相对于趾高气扬的人，你再怎么尊重他，他也不会平等对你。由此想到，奉承、巴结他就更没有必要了，他永远不会因同情而施舍予你。**所以，不管出身低微，还是处境艰难，都不要寄希望于他人礼遇，惟有从内心上正视自己和他人，保持应有的人格力量，直面人生，当说时就说，当做时就做，别心虚和畏首畏尾，就不会轻易让人看不起，也将赢得更多的机会和人的尊重。**

再一个情况是，年轻时由于进步心切，一直在求人帮助，到头来，越是要求时就越是要再求，求一个人不够时还要求更多人，需要打点的环节也越来越多，事情没办成还不能前功尽弃，久而久之，不仅劳命伤财，而且受制于人，苦不堪言。其中道理并不复杂，你越是求人，人对你的筹码与牵制就越大。有时求人不如不求人，不求人不如让人有求于你。如你已具备良好素质，然后又肯干，其实人家就会有赖于或离不开你。如果你反过来求他，不论怎么努力，往往都不会尽如人意。人有时就有点贱，尤其是在官场，说俗气一点就是你有利用价值人家就会用你，不需要瞎着急。还有一种情况，有幸遇上真心帮你的人，你不求他他也会打心眼喜欢你，暗中帮你。由此得出一个结论是，自身努力加上泰然处之，比盲目求人要强得多。

还有一个道理让《硬球》一书告诉我们，政治就是这样玩的。**"送不如要"、"求不如索"**，送领导东西，有时不如向领导索要能体现领导成就感的东西，来得更有印象。领导不会主动施舍，你向他要，如果他乐意，就能找到那种尊贵的感觉，包括"乐善好施"的感觉。这样一来，我们就能更为轻松地面对上司，争取主动权。

老领导跟我说的第三句话是，工作中拼命三郎未必有好报，加班加点，多做事往往容易引来非议。因为有个基本现实是，多数人并不愿意看着你进步，在一个单位照轮照搬照套几乎已成常理。不论你怎么做，做了些什么，最终还是难逃论资排辈、打钩与画圈圈的命运。你越是想进步就越难以进步，越想做事往往越做不成事，个中缘由不言而喻，我们无须埋怨谁。**关键是，要学会在不同人际关系和际遇中随机应变。工作中不要对谁特好，也不要对谁不好，不要引起公愤，成为众人不愉快的对象。**

"物以类聚，人以群分"。任何单位，任何群体，人际关系结构都离不开"三三制"，具体到个人身上就是三分之一的人对你好，三分之一的人对你一般般，三分之一的人对你有敌意。这与我们常说的"三分之一在干、三分之一在看、三分之一在捣蛋"同理。所以必须因人而异，好的要保持，中立的要争取，敌意的要宽容，但千万别讨好。永远不要被少数人所利用。有时，你还要有"与人斗其乐无穷"的思想准备，当你有足够的胆识，想干成一番事业，就必须孤立与你为敌的极少数人，对待小人要一一地予以反击。只有这样，在票决干部的时候，你才不会吃哑巴亏。这可用一个数学公式表达为"3＋3＞3"。这个公式说明，朋友还是很重要，有机会一定要多认识人，多一个朋友多一条路，彼此会多一些照应。**除此以外，不论怎么用尽心机，都不如静心做事。尤其是多做一些能够体现自身价值的事，会让我们终生受益。**

老领导跟我说的第四句话是，相信自己比依赖别人重要。做一个人，必须要有思想，有社会责任感。不同的人做事肯定不一样，上司一般都会看出来的。只要尽心做事，就不会被埋没。除非你对自己的能力表示怀疑。**关键是要摆正心态，有机会时就为社会多做点什么，没有机会时要记住"为自己打工"，积累更多的有形与无形资本。为自己做再多事情也不过分，不论人生际遇如何，即时努力都不会错。**

其实，正是因为自己这方面的出色表现，给我创造了认识贵人的机会，也得到了意想不到的帮助。

老领导跟我说的第五句话是，叫我以后称呼他为老大哥。

想做事得先做人，中庸之道尽在此间。目前中国社会现状使然。

老同学看来是深明个中真谛，他在 30 出头的时候就已经做到了不小的级别，羡煞了我们这一届的同窗。那天喝茶，他也问我职场上这些年的经历，我苦笑一声说，不过是一个"熬"字。现在回想起来，这样的说法虽然有些夸大和打趣的成分，但也不失为由衷之言。回顾自己这些年的职场经历，真就有了这样的感觉：错误的时候，是不懂得一个熬字；正确的时候，却也只做到了一个熬字。这也就是上面讲的 30 岁学会的忍耐吧。又想起那个辞职的年轻人，他在"马屁股"的选择上无疑是明智的，可以他这样的性格，什么时候又能明白这一个"熬"字的真谛呢？

有人以为，所谓"熬"，不过是机关单位里的论资排辈罢了，其实远没有那么简单。**前面说过人要"在正确的时间做正确的事"，而"熬"字则意味着"在错误的时间里不要做错误的事"**，后者与前者同样的看似简单，实则也同样的艰难。

职场生涯里常会遇到"熬"的时候，这种时候里，好的心态就变成至关重要的了。我相信只要心态调整好了，熬的时间也会缩短，可看看职场里的人来人往，调整好心态的又有几个？我对"熬"的经验可以归纳为下面三点：

一、权力是可以制造出来的，下级要善于调动领导的积极性。

二、如果不调整好心态，即使你用正确的方法做了正确的事，但结果往往是事与愿违，甚至让你后悔不如不做。

三、好的机会都不是刻意得到的。

第二篇　百万年薪的家伙

物质和知识的贫穷并不可怕，可怕的是想像力和创造力的贫穷。必须有与众不同的想法，才能有与众不同的收获。人对快乐的感觉是来自和周围人的攀比，起着决定性作用的并不是他"绝对"的成就，而是他和他所在的人群所比较之下的"相对"的成就。

物质和知识的贫穷并不可怕，可怕的是想像力和创造力的贫穷。必须有与众不同的想法，才能有与众不同的收获。人对快乐的感觉是来自和周围人的攀比，起着决定性作用的并不是他"绝对"的成就，而是他和他所在的人群所比较之下的"相对"的成就。

老同学当中，在职场上混得最好的现在在一家国际知名外企做副总，今年32岁，年薪已过百万，成为同班同学们羡慕的对象。这个家伙其貌不扬，却从大学的时候起就展现了过人的商业才干，虽然他那时候成绩并不好，很多考试需要靠作弊才能过关。记得大学时代，他和我们很多人一样，常常在读书之余打打零工。但他和我们不同的是，我们大家通常只是做做家教，或者给一些小单位做些杂事，比如发个宣传品什么的，挣几个零花钱罢了。可他却在大三的一次联欢会上大出了一回风头。那一次，他竟然带着一台新买的摄像机来给我们的联欢会摄像，那台摄像机在当时总得要五六万元。同学们哪见过这种阵势，全都被他唬得不轻。

几个月前的一个同学会上，他又被大家围了起来。有些人工作很不顺利，毕业这么多年了在北京、上海这样的大城市里还只是拿四五千的月薪，眼见着身边渐渐地都是80年代的后起之秀，心里那个急就别提了。

这位同学被人逼着讲他的成功经验，他不疾不徐地讲了这样一个故事：

两个青年一同开山，一个把石块砸成石子运到路边，卖给建房的人；第二个人直接把石块运到码头，卖给杭州的花鸟商人。因为这儿的石头总是奇形怪状，他认为卖重量不如卖造型。三年后，第二个人成为村上第一个盖起瓦房的人。

后来，不许开山，只许种树，于是这儿成了果园。每到秋天，漫天遍野的鸭梨招来八方客商，他们把堆积如山的梨子成筐成筐地运往北京和上海，然后再发往韩国和日本。因为这儿的梨汁浓肉脆，纯正无比。

就在村上的人为鸭梨带来的小康日子欢呼雀跃时，曾卖过奇石的那个果农卖掉果树，开始种柳。因为他发现，来这儿的客商不愁挑不到好梨子，只愁买不到盛梨子的筐。五年后，他成为村里第一个在城里买房的人。

　　再后来，一条铁路从这儿贯穿南北，这儿的人上车后，可以北到北京，南抵九龙。小村对外开放，果农也由单一的卖果开始谈论果品加工及市场开发。就在一些人开始集资办厂的时候，还是那个村民，在他的地头砌了一垛三米高、百米长的墙。这垛墙面向铁路，背依翠柳，两旁是一望无际的万亩梨园。坐车经过这儿的人，在欣赏盛开的梨花时，会突然看到四个大字：可口可乐。据说这是五百里山川中惟一的一个广告，那垛墙的主人靠这垛墙，第一个走出了小村，因为他每年有四万元的额外收入。

　　20世纪90年代末，日本丰田公司亚洲区代表山田信一来华考察。当他坐火车路过这个小山村时，听了这个故事，他被主人公罕见的商业头脑所震惊，当即决定下车寻找这个人。

　　当山田信一找到这个人的时候，他正在自己的店门口与对门的店主吵架，因为他店里的一套西装标价800元的时候，同样的西装对门标价750元，他标价750元的时候，对门就标价700元。一个月下来，他仅批发出8套西装，而对门却批发出800套。

　　山田信一看到这种情形，非常失望，以为被讲故事的人欺骗了。当他弄清真相之后，立即决定以百万年薪聘请他，因为对门的那个店也是他的。

　　老同学最后归纳说：**物质和知识的贫穷并不可怕，可怕的是想像力和创造力的贫穷。必须有与众不同的想法，才能有与众不同的收获。**很多人认识到现在是个知识经济的时代，于是着眼点就在于怎么利用知识来获得回报，而这样的人至多只是技术型的人才，更何况即便是纯粹的技术领域，如果缺乏想像力和创造力，也很难做出较大的成就。而且，更重要的是，要认清大的潮流，在潮流之中为自己找准一个切入点。能做到这些，就会无往而不胜。

听了老同学的高见，大家纷纷点头称是，我心里却升起一阵凉意。我明白了他在商业领域里是个不折不扣的天才，而天才的至理名言虽然动听，我们这些凡夫俗子们却很难把这些至理名言套用在自己的身上。但他后面的话让我感触良多。不错，形势是一个起着重要作用的因素，所以俗话才说"形势比人强"，"识时务者为俊杰。"认清你所在环境的形势，然后从中找到一个适合自己的切入点，善于借势，因势利导，正是太极拳中借力打力、四两拨千斤的道理，这就能够达到事半功倍的效果。

后来因为一些工作的原因，和这位老同学有了更多的接触。让我感觉奇怪的是，在他的脸上从来就没有见过什么志得意满的神色，反倒常常一副忧心忡忡的样子。有一次我终于问他：你有了现在这样的成就，为什么还总是忧郁得很呢？老同学的话让我思考良多。他说的是：你有没有玩过 RPG 类型的电子游戏？职场生涯就和游戏里的人生一样，一开始，你这位游戏里的人物只是个一文不名的小子，级数很低，空有一腔热血，随便出来个山贼、野兽都能要了你的小命。于是你要不断地练功升级，这个过程是个艰苦而乏味的过程，你要重复很多枯燥无味的动作才能不断地积累你的经验值，经验值在积累到一定程度之后才能让自己升上一级，武功比以前更强一个档次，金钱也比以前有了增加。可是，越往后升级就越难。一开始，你杀死十个敌人，杀一个人就获得十点的经验值，经验值累积到一百点的时候就升上一级，而到了新的一级之后，你先会发现杀一个敌人会获得二十点的经验值，这会让你很高兴，可随后你还会发现，从这一级升到下一级居然不再是累积一百点而是累积五百点的经验值了！武功的提高过程同样让人无法轻松起来，因为，一开始你要费尽心力才能杀死最低级的小蟊贼，当你终于武功升级，觉得自己能很轻易地打发敌人的时候，你的敌人却变了，以前的那些小蟊贼全都不见了，换上了新的更厉害的敌人，你要杀死他们还和以前一样地需要费尽心机才行。**职场也是如此，你自己虽然不断提高，但每当你升上一个台阶，你所面对的挑战也就更强，你的压力绝不会比以前更少。**

老同学接着说：你有没有想过，人怎样才会快乐？从我们这些在职场上打拼的人来说，是不是爬到更高的职位，赚到更高的薪水就更快乐、更满足呢？其实不是，在这一点上，人对快乐的感觉是来自和周围人的攀比，也正是因为无时无刻地存在着攀比，这个社会才会一直进步下去。

老同学的话非常坦率，他坦承很喜欢开同学会的时候。为什么呢？因为大家本来都是同窗，曾经在某一个阶段里是处在大体相同的水平线上的。而毕业之后若干年的独立发展，使这些人的成就逐渐拉开了很大的距离，而成就高的人再回到这个群体中的时候就会自然而然地生出优越感来，在这个时候他是快乐的。

对人的快乐感与满足感起着决定性作用的并不是他"绝对"的成就，而是他和他所在的人群所比较之下的"相对"的成就。老同学随后提了一个问题：我们设想，有两种情况供你选择，一种是把你放到一个环境里，在这里，其他人的收入大体都在月薪三千元，而惟独你的月薪是五千元；第二种情况是，另外有一个环境，其他人的收入大体都在一万元，而惟独你的收入是七千元。这两种情况你会选择哪一种呢？

这个问题倒是出乎我的意料。我想了一下说：我会选择第一种。

老同学笑了起来：看，事情就是这样的。再往深处想想，从我自己来看，每上升一个台阶，就会超越了以前的环境和以前的人群，当我的职位和收入可以在他们面前感到满足的时候，我已经离开了他们，进到一个新的环境、新的群体里去，在这里，我的职位、业绩、收入等等又变成微不足道的了，快乐感与满足感又从何而来呢？每上升一个台阶，都会遇到同样的情况。

　　老同学的这番话让我很是感慨，想一想自己这些年追求的到底是什么，应该追求的到底是什么，不禁有些茫然。可是，道理虽然如此，说归说，在这个惨烈的职场上，又有几个人不是骑虎难下呢？

第三篇　你的第一次与你的未来

人生其实就是一种经营，关键是看个人能不能经营得好，经营得好才会有产出，一个人要想有所成就，就必须清楚地知道自己适合做什么。特别是对即将进入职场和刚刚进入职场的年轻人，未来职业的具体规划更显得重要。

人生其实就是一种经营，关键是看个人能不能经营得好，经营得好才会有产出，一个人要想有所成就，就必须清楚地知道自己适合做什么。特别是对即将进入职场和刚刚进入职场的年轻人，未来职业的具体规划更显得重要。

　　俗话说"男怕入错行，女怕嫁错郎"，可见职业规划与职业选择的重要性。近几年越来越多的职场人士认识到，一份工作是否适合自己，除了要考虑所学的专业知识外，更重要的是要了解自己的职业兴趣、个性特点、职业能力之间是否匹配。同时还要考虑自己的职业目标、价值观与企业使命、企业文化是否吻合。但非常不幸的是，我们还是经常见到这样的情形：不少人每天为了工作而工作，没有丝毫的激情；不少人虽然对自己的工作很有兴趣，但经常力不从心；有些人为了能获得更好的职业发展，希望转换一个职业平台，有新的建树，但英雄无用武之地……凡此种种，在我们的身边时有发生。

　　我们可能都听过类似的故事：小张学计算机专业，毕业时认为银行属热门行业，因而应聘进了某银行。然而一年过后，他发现每天的工作几乎没有太多技术要求，工作时间长，还要经常加班，枯燥的工作让他变得萎靡不振，便跳槽到行业前景看好的IT行业。孰料恰逢IT业进入"冬季"，各公司纷纷裁员，小张又开始后悔当初选择这个热门行业，再次彷徨在人生道路上。

　　行业的所谓冷热，都是相对的。每个时代都有伴随科学技术发展和大众文化取向等诸多因素产生的所谓"热门"行业和"冷门"行业。如果仅仅将眼光放在行业的"冷热"上，必然会错过很多好的就业机会，也会给自己的求职增加难度。关键的是，你要发现那些适合你个性和能力的职业。目前，通讯、人力资源、环保、自动化、广告媒体、生物医药、房地产等行业发展迅速，相应的人才需求旺盛，吸引着众多求职者的眼球，但如果求职者不根据自身条件择业，那么，热门行业很可能就是一个美丽的陷阱。

　　广州房地产市场一名出色的职业经理人回忆自己进入房地产行业十年的经

历：大学毕业后和大多数学生一样，还没有来得及做太多的职场规划便开始了人生的第一份工作，成了一家房地产公司的办事员。那时广州的房地产市场才刚刚起步，它广阔的发展前景并没有得到当时人们足够的认识，很多人连"按揭"这一名词都没有听说过，甚至国内银行都没有提出这一概念。作为一名刚入行的新人，他对房地产市场有了清醒的认识，并从此喜欢上了这一行业。自那以后，他就再也没有离开过这个行业。"我认为，作为改革开放的一个重要举措，房地产的地位毋庸置疑，它的市场前景非常广阔，我相信我能在这个行业有所作为，所以，我从来就没有想过转行，这么多年下来，结果证明我当初的决定是正确的。"在十年的时间里，他不放过任何一个学习的机会，不仅在工作中学，还有意识地参加培训和到教育机构进行充电，结果，他的自身素质不断提高，业务水平不断上升，一步步从办事员提升为公司副总、项目总指挥。

2000年一家香港公司决定到新疆投资国际商贸城，总投资额达 8.4 亿元，是当时新疆最大的港资项目。该公司到新疆实地考察，他作为一个局外人也受邀参加提供参考意见。可香港公司对内地情况不了解，结果什么也没有谈成，事情变得非常尴尬。就在该公司董事长一筹莫展之际，这位经理人主动请缨，问能不能让他去和政府官员谈判，并告诉董事长现在该怎么谈，要做的是什么，要争取的是什么，要市政府配合的是什么，分析得头头是道。董事长马上拍板让他做公司的首席谈判代表，并当晚就给他做了名片，让他准备一天后去跟市政府的官员谈。接下来的两夜一天里他一分钟也没有睡，把所有的谈判资料都准备好了，第三天通红着眼去跟政府官员谈。由于准备充分，官员察觉出他们是真的有诚心投资，态度变得很热情，项目终于谈了下来，而他也从一开始的局外人被聘为该公司常务副总，全盘负责项目的运作，规划设计工程、开发、人员招聘、组建等都由他负责，每天忙里忙外，本来茂密的头发都变得很

稀疏了，而他的业务能力也得到了全面提升，对房地产的认识和操作有了质的飞跃。

人生其实就是一种经营，关键是看个人能不能经营得好，经营得好才会有产出，一个人要想有所成就，就必须清楚地知道自己20岁的时候该做什么，30岁的时候又该做什么；同时，在进入职场的时候，不要急于做选择，要先沉下心来想想自己爱好什么，而不是自己想做什么，要先认真地追问自己到底喜欢什么，自己的天赋和性格又是什么，想明白以后就去做，一开始不要在乎能赚多少钱，只要认认真真地把事情做好了，钱就自然会随之而来。一开始也许会有曲折，但每个人都要熬过这个过程，只要能坚持下去，最终就一定能够好起来。

这听起来好像很虚，但事实却往往是这个样子。作为一名职业经理人最重要的是心态调整，现在的社会风气浮躁，各行各业之间的薪酬极不平衡，如果要想有所作为，就一定不要老是看在钱上，只有你对企业忠诚，企业才会对你忠诚，而且，当一个人在默默经营自己事业的时候，往往会得到许多意外的收获。人生是属于自己的，如果你想生活得好一点，你就必须好好地经营自己的人生，惟有这样，你才有可能实现自己的梦想。

生活中，许多人以为对自己有足够的了解，但是，许多错误的生涯抉择恰恰发生在对自己认识不清上。职业生涯规划的目的就是通过对以往成长经验的反省，检视自己的价值。反省主要集中于以下几点：你喜欢什么工作？你的专长？现在的工作对自己的重要性？有哪些工作机会可供选择？与工作有关的其他因素？简而言之，就是分析自身的优势、弱点以及机会、威胁是什么？

哈佛大学要求入学申请者对自身进行剖析的方法颇值得我们借鉴：首先是对自己优势的分析，即已表现出的能力与潜力。你曾做过什么？即你已有的人生经历和体验，如在校期间曾任职务，是否参与或组织实践活动，曾获何种奖励等。要善于利用过去的经验选择、推断未来的工作方向与机会。你学习了什么？即你从专业课程中获得什么。专业也许在未来的工作中并不起多大作用，但在一定程度上决定你的职业方向。最成功的是什么？你可能做过很多，但最成功的是什么？为何成功，偶然还是必然？通过分析，可发现自我性格优越的一面，如坚强、果断，以此作为个人深层次挖掘的动力之源和魅力闪光点。

其次是劣势分析，如性格弱点。卡耐基曾说，人性的弱点并不可怕，关键要有正确的认识，认真对待，尽量寻找弥补、克服的办法，使自我趋于完善。再如经验或经历中所欠缺的方面。也许你曾多次失败，就是找不到成功的捷径；需要你做某项工作，而之前从未接触过，这都说明经历的欠缺。欠缺并不可怕，怕的是自己还没有认识到，而一味地不懂装懂。

再次是环境分析。比如社会热点职业门类分布与需求状况，自己所选择的职业在当前与未来社会中的地位情况，社会发展趋势对自己职业的影响。再如对自己所选企业的外部环境分析，所从事行业的发展状况及前景，在本行业中的地位与发展趋势，所面对的市场状况等。还有人际关系分析，个人职业过程中将同哪些人交往，其中哪些人将起重要作用，是何种作用，会持续多久，如何保持联系，工作中会遇到什么样的同事或竞争者，如何相处、对待。

大家同时走向职场，为什么有的风生水起，有的却波澜不惊？关键在于你是否注重职业生涯的经营。所谓的职业投资理论认为，职场是一个投资场，职业者是用自己的知识、能力进行投资。在一个有发展潜力的职场，个人资本可能成几何级数裂变增值。因此，每个人都要尽快判明，所在的职场是否有开垦价值？如果有，好好珍惜，加倍努力；如果没有，就应果断离开。**从每个个体来说，工作的终极目的，除了满足生存的基本物质需求以外，更是实现梦想的一个途径。**尤其是即将进入职场和刚刚进入职场的年轻人，未来职业的具体规划更显得重要。

"道可道，非常道"，每个人都是惟一的独特的个体，别人的成功经验可以参考借鉴，但不能复制。道家说，"道"包含天地万事万物的规律，而在这里，"道"的喻意是这个惟一独特的人所配衬的职业生涯。

在国外有本畅销的小书叫做《炼金师》，讲一个小牧童做了一个梦，梦见一个精灵告诉他在一个遥远的地方可以找到点石成金的炼金术。这个梦想遥不可及，但又时时困扰着他，终于他下定决心去追梦。可想而知，追寻的过程肯定困难重重，但是最后小牧童终于实现了自己的梦想。故事的喻意很简单甚至有些俗气，它告诉读者：追求你的梦想，金钱爱情种种也会随之而来。就是这么个故事，感动了无数人。而其中最有体会的人往往是到了一定岁数、事业人生都有了一定成就的人，他们追思过往，更加了解有一个梦想对人生和事业的重要。我认识一个咨询公司的执行合伙人，他看过这本书后对自己40多年来的生活作了反思，对未来的发展也做了重新的规划。中国古人也说"有志者事竟成"，而这个志从何而来，想必也是从梦想激情中来。**既然实现理想的过程必然痛苦万分，那么应该一开始先设立一个自己愿意为之努力的理想。**

社会心理学家曾做过一个试验：在召集会议时先让人们自由选择位子，之后到室外休息片刻再进入室内入座，如此五至六次，发现大多数人都选择他们第一次坐过的位子。

我们每个人自从一来到这世界上，就都有了自己的位置，开始扮演社会赋予我们的一个角色。我们是父母的孩子，出生在一个固定的地点，从属于某种性别，成长于某些环境，学习用某些语言。稍大一些，我们开始与某些人交往，开始完成自己的学业，并追求自己的事业。我们会恋爱，会成立自己的家庭，也会有自己的孩子……

所有这些，都是社会先天赋予我们或我们自主选择的位置。社会是一个由无数位置组成的大系统，系统对每个位置都有着某种规范。而正是这些规范，保证着整个社会大系统的良性运转。

在社会生活的几乎所有的情况下，我们都需要对自己的位置进行判断，即所谓"定位"。根据自我的定位，我们会选择自己适当的行为。比如，我们是孩子就应该孝敬父母，我们是员工就应该做好本职工作，我们是顾客就应享有顾客的权利等。如果我们的行为与我们处身的位置不相符合，就会遇到来自社会的压力。

现实中经常有这种情况，某些人虽处于某个位置，但却不能遵守这位置的规范，不能履行这位置需要他尽的职责。这实际上是一种名义位置与实际位置的分离。当出现这种情况，社会就会用各种社会规范对不称职者施加压力，促使其归位。

社会需要稳定和秩序，所以作为社会的一员，每个人都应该找好自己的位置，并尽到该位置所应尽到的职责。这样不仅有利于社会大系统的运行，而且也有利于个人的幸福，毕竟，谁也不愿意在压力下生活。

然而，社会也是动态和发展的，社会成员的位置每个时刻都在发生着变化，有的人脱离了原来的行业，走上了新的岗位；有的人从一名员工变成了经理甚至老板；而有的人由巨富沦为了贫民。在这位置的起伏升迁中，我们每个人也都需要对自己进行定位，认清自己渴望的位置和适合自己的位置，这样才可能实现自己的梦想。

确定理想的第一步，就是要了解自己。所谓了解自己最难，你可以通过和年长的朋友聊天来获取别人对自己的看法，也可以自己通过对同龄朋友或同学的经历进行反思和比较，这些方法直接有效，但是也许费时较长，也不全面。国外有很多心理学家和培训专家设计了很多个人性格测试和理想职业的测试软件和方法，能够帮助每个人了解自己的性格取向以及适合的职业。

第二步是认准目标。了解自己的性格和期望后，确定自己想要实现的目标，这个目标能够让自己得到最大的满足。同时，在确定职业方向的时候，必须针对自身的条件，以达到最大的效果。没有人是一张白纸，将要毕业的学生基本上都有一个专业，可能在某些行业做过一段时间的兼职，或者在某些技能方面已经有了些成就。已经开始工作的职业人士，更是有了一些基础。这些，都是在确定职业方向时必须要考虑的问题。

举例来说，在选择职业发展的方向时，一开始就可以问问自己，适合在国内发展还是在国外。如果去国外该去哪个国家？美国的生活方式、工作习惯和欧洲有很大的差别。要在某一种文化背景下达到最大的发展，预先最好对它们有个了解。比如说，欧莱雅的CEO本人是英国国籍，却在法国公司里一路晋升，达到巅峰。虽然他自嘲当初在牛津毕业后决定去法国读书并留下工作，完全是因为那时候的女朋友在巴黎的缘故。但是了解他的人都说，他对法国文化如此彻底地接受，很难相信他能够在一个其他国家的公司里，做到他今天的成就。

其次，想清楚自己适合进入什么行业。做一份你喜欢做的事，而且还拿钱，这太妙了。

再其次，发现自己具备什么样的职能。销售、科研、生产管理、人事、市场研究、咨询等等都是可能从事的职业。有些人适合某一类工作，不适合另一类工作。

有了理想，就像是有了方向和战略。剩下的，就是如何去实现它们了。要有帮助你实现目标的技能。技能有各种方面的。像英语，现在大家都认识到学好英语是非常关键的一项技能，所以大街小巷，到处都能看到英语培训的广告，翻开报纸，大大小小的品牌英语教学的广告琳琅满目。除了英语，其实还有很多技能也是投身职场的职业人士们所急需的。例如沟通技巧：如何在这个一切强调团队精神的时代和你的团队成员和团队领导沟通？面试技巧：面试看似简单，内中玄机无数。如何应对情景面试？如何有的放矢？提案技巧：说服顾客，说服你的老板，都需要一份有效的提案。销售技巧：销售是所有商业之本。销售的是什么？服务，产品，自己？项目协作技巧：公司的组织以项目为本。如何管理项目？等等。

第四篇 有没有大不一样：决定不做老板

人生需要有目标，只有树立了明确的目标，才有可能向着目标的方向努力，才能有意识地创造条件，使自己获得成功。选择自己喜欢的专业以及怎样才能将自己的兴趣爱好变成自己的工作，便成了职业生涯规划服务最需要解决的问题。

人生需要有目标，只有树立了明确的目标，才有可能向着目标的方向努力，才能有意识地创造条件，使自己获得成功。选择自己喜欢的专业以及怎样才能将自己的兴趣爱好变成自己的工作，便成了职业生涯规划服务最需要解决的问题。

职业生涯规划到底有什么用呢？举一个例子。假如一个人想在院子里盖间小厨房。当他确定了盖厨房这个目标后，他就会注意收集砖块、瓦片等材料，只要走在街上，他就会留意哪里有砖块、哪里有瓦片，碰见砖头捡块砖头，碰见瓦片捡块瓦片，经过一段时间就能把原料备全，最终就能把小厨房盖起来。可如果连盖厨房这个目标都没有，那么他走在街上就不会注意是否有砖块，也不会注意是否有瓦片，即使这些材料都摆在他的面前，他也会认为是没有用的东西。

可见，如果是两个人，一个是有目标意识的人，一个无目标意识的人，那么在同一条街上走过，其收获也会大不相同。所以，一个有职业生涯规划、定位和目标的人，和一个没有职业生涯规划、定位和目标的，走过同样的人生，成就的事业也绝对不会相同。**人生如同盖房，也需要有目标，只有树立了明确的目标，才可能向着目标的方向努力，才能有意识地收集有关材料，创造条件，使自己获得成功。**

一个人只有尽早做好职业生涯规划，认清自我，不断探索和发展自身潜能，才能正确把握人生方向，创造成功的人生。社会的发展速度很快，一些不能体察时代变迁和环境变化的人，往往会手忙脚乱、不知所措，从而在自己的职业过程中紧张不安、不知道何去何从。正是因此，个人才需要去认真地设计和规划出自己的职业生涯。毕竟兴趣是人们行动的巨大动力，凡是符合自己兴趣的职业，都可以提高工作的积极性，使职业本身化为人生的乐趣。因此，选择自己喜欢的专业以及怎样才能将自己的兴趣爱好与自己的工作联系起来，便成了职业生涯规划服务最需要解决的问题。

职业生涯规划对年轻人来说至关重要。只有认准了目标，了解自己适合做什么，以后要达到什么位置，工作起来才会有激情，才能每天都有进步，如果不趁早对自己的人生进行规划的话，那就只能混混沌沌过日子，最终一事无成。很多人之所以遭遇下岗的命运，很大程度上讲就是因为他们没有好好规划自己的职业生涯，不知道自己在追求什么，想得到什么样的结果。如果一开始懂得职业生涯规划，就可以少走很多弯路。现在很多大学生觉得所学专业跟自己的兴趣和能力不适应，不知道自己将来适合从事什么职业，不清楚自己要做什么，"漫无目的"地"博学"，毕业的时候像无头苍蝇似的到处投厚厚的简历，往往事倍而功半。他们可以先找出想做的以及能够做的，分析自己的实力、价值和需要，然后考虑可行性，明白了追求的目标后，便把文化学习与社会实践相结合，在该领域营造和强调自己的优势。

一位女士回忆自己的初期职场生涯：工作的第一年，是我最无聊的一年。从学校走出，又回到学校，从教学楼的二楼搬到三楼，我的职业生涯就开始了。那时候没有什么实质性的工作，也不用坐班，每星期只是象征性地在办公室出现一次，无所事事地待上一会儿，然后悻悻地离开。半年后同学聚会，大伙滔滔不绝地谈论各自的职场经历，举手投足已有了很浓的社会气息。而我却一直窝在老地方，什么长进都没有，看上去要多背有多背。这种百无聊赖的日子让我全然没有参加工作的喜悦。记得有个清晨，我在街上看到那些早起的人们，裹着大衣嘴里哈着热气，站在寒风中焦急地等待上班的公共汽车。这时我突然产生了一种莫名其妙的羡慕——朝九晚五，这就是我能想到的最体面的工作。这座城市里绝大多数人都在这样中规中矩地生活着，而我却挥霍着大把的时间，过着晨昏颠倒的日子，简直是一种病态的人生。

工作的第二年，我开始尝试各种各样的兼职，努力地把自己搞得很忙。有一阵子忙到每天只能睡五六个小时，日复一日地超负荷运转。可即使在这样的忙碌之下，我仍然找不到工作的感觉——没有自己的办公桌，没有固定的上班时间，也没有稳定的同事圈子——作为工作最重要的元素全都缺失了，即使再忙，也不能算是一份像模像样的工作。转眼到了第三年，我被单位派去国外进修，又重新做了回学生。朝九晚五地坐在课堂里，争分夺秒地坐在台灯下继续啃书本。晚上一闭上眼，那些艰涩的外语单词就像潮水一样汹涌扑来，压得人透不过气。半夜醒来，发现惊出一身冷汗。想想这三年来的经历，我终于明白了自己想要的那种工作：除了朝九晚五的规律作息、一张舒服的办公桌和一帮有趣的同事，还有很重要的一点：八小时之外，不再需要动用大脑，可以把工作的事情彻底抛开。换言之，工作要像工作，休息要像休息。

一个人的职业生涯，贯穿一生，是一个漫长的过程。科学地将其划分为不同的阶段，明确每个阶段的特征和任务，做好规划，对更好地从事自己的职业，实现确立的人生目标，非常重要。一次，有一位美国公司的部门经理上班迟到了，没完全听到总经理的报告。后来总经理找到他说："我前面所讲的话你没有听到，我简单地给你重述一遍，有什么不懂的你可以问。"迟到的部门经理惭愧地说对不起。总经理说："没关系，其实，我作报告是你买了我的时间，可以由你自由支配，我是为你服务的。"在美国，学生交了学费就等于买了教师教授课程的时间，不听，来不来听是自己的事情，教师可没有任何损失，相反，受损失的是你自己。人生就是在不断地购买别人的时间，和不断地销售着自己时间的过程。

在人的一生中，所有人从量上惟一均等的就是时间，而从质量上来说，惟一不均等的也是时间。人生就是在不断地销售自己时间的过程中使自己不断地增值。那么你现在该做些什么呢？

30岁之前要走好至关重要的第一步。这个阶段从学校走上工作岗位，是人生事业发展的起点。如何起步，直接关系到今后的成败。这一阶段的主要任务之一，就是选择职业。在充分做好自我分析和内外环境分析的基础上，选择适合自己的职业，设定人生目标，制定人生计划。再一个任务，就是要树立自己良好的形象。年轻人步入职业世界，表现如何，对未来的发展影响极大。有些年轻人总认为自己有知识，有文化，到单位后不屑于做零星小事，不能给同事们留下良好的印象，这对一个年轻人的发展而言，可以说是一个危机。还有一个重要任务，就是要坚持学习。日本科学家研究发现，人一生工作所需的知识，90％是工作后学习的。这个数据足以说明参加工作后学习的重要性。

此外还不可忽视修订目标，及时充电。这个时期是一个人风华正茂之时，是充分展现自己才能、获得晋升、事业得到迅速发展之时。此时的任务，除发奋努力，展示才能，拓展事业以外，对很多人来说，还有一个调整职业、修订目标的任务。人到三十多岁，应当对自己、对环境有更清楚的了解。看一看自己选择的职业、所选择的生涯路线、所确定的人生目标是否符合现实，如有出入，应尽快调整。对于一无所得、事业无成的人应深刻反省一下原因何在？重点在自己身上找原因，对环境因素也要做客观分析，切勿将一切原因都归咎于外界因素，他人之过。只有正确认识自己，找出客观原因，才能解决问题，把握今后的努力方向。此阶段的另一个任务是继续"充电"。很多人在此阶段都会遇到知识更新问题，特别是近年来科学技术高速发展，知识更新的周期日趋缩短，如不及时充电，将难以满足工作需要，甚至影响事业的发展。

不管是大公司还是小公司，重要的是能让你感觉工作时快乐的地方就好！在大公司里做事情，抱怨它的管理比较僵化，想去小一点的公司吧，又担心那里可能没有年假和其他的一些优惠。人生，最怕的就是不掂掂自己到底有几两重，一味地贪得无厌，想要这个，想要那个，到时候两者皆落空。其实，这是很多刚入社会求职的年轻人的困扰。若是到大公司工作，福利好、制度完善，该做什么、不该做什么，公司都规定得很清楚，相对的缺点就是比较僵化、学习的知识有限。反之，到规模比较小的公司去工作，制度尚未建立，工作流程比较混乱，有时候甚至像是来打杂的。但是相对而言它也有优点，工作有弹性，而且很快地练就十八般武艺，将来不论去哪里、碰到什么事，都难不倒你。**关键不在环境，而在于个人是否认识清楚环境的特质，进而把握学习的重点。**

一位成功者的感言：我大学毕业后进了一家并不是很有名、规模也不大的本土企业，一待就待了几年。从最初老板的行政秘书角色做起，累积了丰富的经验，逐渐做到海外部总监，我代表公司全世界跑，承揽订单。由于公司正处在良好的发展阶段，我比同龄人所接受的锻炼和所接触的社会层面都要深入。这份工作不仅收入很高，而且我个人也获得了超前的自信和成长，但我知道这仍然不是我的职业奋斗目标，我的理想是创办属于自己的公司，自己做老板。当我的老板得知我想要自己创业后，不仅没有指责我，还对我的敢想敢为大加赞赏，他十分看好我的未来发展潜能，表示如果我成立公司的话，他可以投资。如今，由我控股的化妆品公司已经正式运作，代理了几个国际上知名的化妆品品牌，在北京、上海、广州都有卖场。我以前的老板现在是公司的大股东，我们的工作方式从上下级关系上升到事业上的合作伙伴。所谓水到渠成的一种职业态度，就是在适当的时候做适当的事情，成功自然就会来临。

第一块敲门砖的关键是，你想从中得到什么？ 选择第一份工作，的确对一个人的职业方向有很大的影响，但它并不是规模大小或待遇福利好坏的问题，而是你想要从所处的环境中吸收哪些养料和收获。选择对自己最有利的方式学习，并累积丰富的经验，才能稳健地跨出下一步。请千万切忌好高骛远、贪得无厌！

要想实现职业成功，你应该按下面的思路进行职业生涯规划：

职业定位要先行挖掘自己的职业气质、职业兴趣、职业能力结构等方面的人本因素，找到职业潜力在哪个领域才能最大限度地开发和发掘。

职场判断要理性了解了自己后，还要在职场上寻找这个领域工作的切入点。如何获取这个切入点，优势在哪里，劣势又有哪些等等问题一定要在客观和理性的态度下进行分析，这些将是你能否在确定职业方向之后走稳走对第一步的关键。这里面包括对领域专业知识与技能的掌握、对行业产品信息以及在它影响下的人才结构的变化信息的了解，以及学会使用高效、专业的求职方法。

职场看重的是人的职业价值本身，而非经验多寡和学历高低。如果经验和学历正好在自己的职业核心竞争力之上，就能够加快职业发展，否则就是职业道路上的绊脚石。职业停滞就是危机的前兆，在这个职业发展生死存亡的结点上，整合自己的优势竞争力，合理规划职业道路和求职计划才是摆脱危机获取成功的关键。你可以用五个问题归零思考，从问自己是谁开始，然后一路问下去：

1. 我是谁？

2. 我想做什么？

3. 我会做什么？

4. 环境支持或允许我做什么？

5. 我的职业与生活规划是什么？

回答了这五个问题，找到它们的最高共同点，你就有了自己的职业生涯规划。听听一位恬静的女孩的想法吧：

记得大学即将毕业时曾梦想过要做一名女强人，大概是做老板、自己开公司之类的想法，并常常为自己的伟大梦想激动不已。现在想起来，那时候可真不了解自己！

毕业四年，干过三份工作，才更深刻地了解了自己。确切地说，我是一棵缓慢生长的植物。对于植物来说，什么是幸福呢？应该是安然地、缓慢地生长吧？我对生活就是那样的思维，像正午的阳光，随意地洒下来，慵懒，散漫无边。虽然现在的我也时常会奔波、劳走，也会勤奋和不顾一切地实现各种梦想，但"懒"字在我这里是个深刻的主题。它不是叶子，它是根和脉络。

对于职业生涯我是一个小人物，没什么野心，我认为这些都是老总他们的事，所以我从来没好好考虑过这个问题。很多事情，并不是你规划了就能实现的，希望越大，可能失望也会越大，为了不让自己痛苦，我认为还是顺其自然吧。我想我会是永远的打工仔，行囊会永远简单、易于打理。我不会把生活像一张大饼那样摊开，让自己无法收拾。我会是最听话的那一类打工仔——诚恳地对你笑；别给我太多权利、责任和压力，我会干好手头的事情！

我知道我渴望自由，我知道我不能被任何东西捆绑，尤其是被自己多年的心血和汗水捆绑在某地。所以，我永远不要做什么老板！

第五篇 找工作是一份重要的工作

为了找到合适的工作，要像做工作一样认真投入地来求职，把这当成工作。人生的诀窍就是经营自己的长处，如果用短处而不是长处来谋生的话是非常危险的，可能会永久地沉沦。无论前景如何不明朗，作为未来的职场人士仍要义无返顾。

为了找到合适的工作，要像做工作一样认真投入地来求职，把这当成工作。人生的诀窍就是经营自己的长处，如果用短处而不是长处来谋生的话是非常危险的，可能会永久地沉沦。无论前景如何不明朗，作为未来的职场人士仍要义无返顾。

找工作难，已经成为不争的事实；其实找工作也有大学问，把求职当作"工作"来做，就是一个基本的方法。**对于自己这份工作——"求职"，你一定要敬业，像我们做其他工作一样，一个敬业的员工为了提高工作效率会怎么做，你对这份工作就应该怎么做。**

找工作时轻易放弃，是很多人的通病。我曾经问过一些求职者，为什么那么容易放弃？他们对我说，"我认为找工作不应当这么艰难，我认为不应该花这么长时间。"在大多数求职者的心目中，希望只要投放十几份简历、打上几个电话、参加两三次面试后，就能找到一份好工作。他们就是带着这样的心态去找工作，碰到一点挫折就放弃，最终可能一无所获。也许他们要把上述工作量放大十倍，才会有理想的效果。

有一个美国学者把数学用到了对求职学问的分析上。他认为，把求职当成"工作"做，你的工作到来的时间才会缩短。他提出，当你从事这个"职业"——求职的时候，你也应和一个职员一样，上午9点上班、下午5点下班。在你求职期间，如果你想加快求职速度的话，必须下决心付出所有的时间。因为，**你求职的成功率与你所花的时间成正比。**

求职者还应当搞清楚几个问题：

1. 找职业还是找企业。许多求职者在择业的初期，往往是看中某一个企业的知名度而投奔该企业麾下。而相反，有的企业初创时期名不见经传，规模也不大，为了吸纳人才煞费苦心也很难得到优秀人才的垂青。对此，一些优秀人才的回答是：为了寻求一个安定的栖身之处。其实这种想法是大错特错。能够永远立于不败之地的现代企业、或者说能够让你工作一辈子的企业已不复存在，**现代社会永远充满着优胜劣汰的激烈竞争。因此在择业时应当选择一个长期、稳定、有发展前途的职业，而不是企业。**

2. 找职业还是找工作。许多求职者在择业时属于盲目的跟从，对自己要做什么和能够做什么都没有一个确切的定位和分析。许多求职者被问及他们对所申请职位的看法时，往往一问三不知，那么，如果连你申请的职位应当做些什么工作、该职位发展前景如何你都一无所知，企业又怎么会录用你呢？

许多人工作了相当长的时间，也没有搞清楚两者的区别和联系。综观这些求职者的履历，不难看出，他们今天当销售人员，明天担任行政助理，后天又去了房地产公司从事策划工作，每一次择业都从头开始，从中反映出这些择业者的盲目性。每一次重新择业都不是在原来职业基础上的发展和延续，属于缺乏长期眼光的单纯的找工作行为。

3. 找工作还是求头衔。综观许多求职者的履历可以观察到这样一个非常有趣的现象，那就是：许多求职者年纪轻轻便有了诸如"经理"、"总监"之类的头衔，而他们的薪金远远达不到这些头衔应当获得的市场价值。当问及其中的原因时，很多求职者坦言，现在这些头衔早就缺乏以前的传统上的含金量了。求职者在择业时应当非常清醒地分析，知道企业究竟招的是什么样的人才，千万不能为所谓的"主任"或"经理"的头衔所吸引而忘乎所以。

4. 谋高薪还是求发展。求职者在择业时应当着眼于该职位的市场前景以及发展潜能，千万不要为暂时的薪资方面不尽如人意而放弃了一个自身成长和发展的机会，只要你所谋求的职业是有着光明的前景，既使目前工资低一些，只要能够学到本领，就定能有所发展。

5. 求稳定还是顾眼前。大企业同小企业相比，同一职位、同等要求倒是小企业出的工资比较高。其实大企业所提供的除了一份薪金之外尚有完善的福利和稳定性保障，而小企业所能够给予求职者的稳定性略逊一筹。因此，求职者在择业时应当进行自我分析，我的需求究竟是什么？

择业者在谋求职业时应当平衡眼前的暂时利益和长远的价值，寻求一个理想的最佳的平衡点。职业指导专家告诫求职者：**40 岁以前的年轻人可以多考虑一些眼前利益，40 岁以后应当把企业的稳定性放在首位，因为除了年龄因素之外，当自身的职位达到某一阶层时，可选择的机会已大大减少，再择业的可能已大大减少。**

前哈佛大学校长德雷科·鲍克说：每一位求职者都希望能找到一个能发挥自己特长、待遇又高的工作。然而在实际择业过程中，这样两全其美的好事确实很难如愿。这其中的原因固然很多，但有一个很重要的原因就是：求职者能否客观看待择业。常见的现象有小毛驴的犹豫——许多人在选择职业、成就事业时，都会存在"小毛驴的犹豫"——一头小毛驴，在干枯的草原上好不容易找到了两堆草，但是一再迟疑，不知道哪一堆更好，结果活活饿死了。这就告诫我们，人的期望值不可太高，绝不可以左顾右盼而坐失良机。做梦娶美人——志大才疏，眼高手低，大事做不来，小事不肯做。这种人想干好工作、成就事业，只能是做梦娶美人——尽想好事。总想拣个大西瓜——求职者往往在择业时挑肥拣瘦，到头来却两手空空，一事无成。因此，求职者在择业前，应把自己的专业特长与用人单位的需求实际结合起来，对照、衡量后再去择业。

在人才市场竞争越来越激烈的形势下，许多流连于招聘会的求职者开始认识到，**一个理想的职业应该是既能发挥自己的能力，与自己的兴趣和长处相吻合，又能使自己在工作中得到培养。**

学计算机专业的小邓，被几家电脑公司看中，愿出高薪聘请。其中有一家公司答应给他年薪 4 万元，很有诱惑力。他到该公司实地考察后，感觉工作环境的确不错，但老板只要求他搞一般的文字和数据输入，工作很轻松，他婉言谢绝了。他说："我不愿接受他们的低职高聘，假如我一直被困在简单的操作中，更有价值的软件开发就成泡影，长久下去，会消蚀自己的创造力，这不值得。"在小邓看来，能否施展才能才是择业时应考虑的首要问题。

周女士是一家生产建材产品企业的"头头"。当年她刚去这家企业时，眼前四壁空空。那时她每个月的薪水仅一百多元，而其他行业的收入有的已达数千元。她喜欢这种有挑战性的工作，更看准了建材产品未来的前景，没有动摇。那时她的生活费经常靠家人贴补。然而，两年之后，这个企业越来越红火，产品市场占有率越来越高，自己也凭才能一步步升迁，工资也跟着翻番。她说，我的最大长处就是有耐力，喜爱具有挑战性、创造性的工作，而进入这家企业正好使我的长处增了值。

微软公司总裁比尔·盖茨的最高文凭是中学，因为在哈佛大学他没有读完就经营他的电脑公司去了。盖茨是世界上最早发现自己长处的人，他成为世界首富不足为奇。

人生的诀窍就是经营自己的长处。在人生的坐标系里，一个人如果站错了位置，用他的短处而不是长处来谋生的话，那是非常可怕的，他可能会在永久的卑微和失意中沉沦。因此，对一技之长保持兴趣相当重要，即使它不怎么高雅入流，也可能是你改变命运的一大财富。在选择职业时同样也是这个道理，你无须考虑这个职业能给你带来多少钱，能不能使你成名，你应该选择最能使你全力以赴的职业，应该选择最能使你的品格和长处得到充分发挥的职业。这是因为经营自己长处能给你的人生增值，经营自己的短处会使你的人生贬值。富兰克林说的"宝贝放错了地方便是废物"就是这个意思。

确定了方向和原则，就该准备第一份工作任务——写你的简历了。眼下这方面的指导建议浩如烟海，我只想强调几点：

1. **量体裁衣特制简历。**用人单位想知道你可以为他们做什么。含糊笼统、

毫无针对性的简历会使你失去很多机会，所以必须避免你的简历千篇一律。 如果你有多个目标，最好写上多份不同的简历。每一份针对招聘单位的特点和要求，突出相应的重点，表明你对用人单位的重视和热爱。雇主非常不喜欢那种有"自恋心态"的简历"我有非常强的团队精神、专业的知识背景、良好的沟通技巧……"因为太宽泛，既没有实质性内容，也没有突出个性。更何况你会这样写，别人也会，每天看着同样的简历，如何不产生"审美疲劳"？不夸张地说，这样的简历还没有到人事经理手上就被扔进碎纸机了。

2. 让简历看起来舒服。"我们首先选择看上去让人感到舒服的简历。有的人为了求新，在封面上用美人照，用很怪异的文字；有的简历写得像病历，很乱，揉得很糟。这样的简历，我们一般看都不看，直接淘汰。"一家知名公司的人事经理如此说。

3. 让简历内容突出。内容是一切，简历一定要突出你的经验、能力以及过去的成就。你需要用证据来说明你的实力。记住要证明你以前的成就以及你的前雇主得到了什么益处，包括你为他节约了多少钱，多少时间等，说明你有什么创新等。可以写上你最突出的几个优点，但是最好与应聘的职位相称，不是漫天说好。**最聪明的做法是告诉别人，我能做好这件工作，而不是能做好所有的工作。** 如果教育背景不过关，就要强调工作经验或与之相关的技能。应届毕业生一般没有工作经验，这是个致命的弱点。可以把和应聘职位相关的实习经验罗列出来。

有个女孩当初应聘网络公司时，她所学的经济专业和对方要求的计算机专业可谓风马牛不相及。她对自己的教育情况只用了一句话概括，花了很多篇幅来描述读书时参加学校网页设计大赛的情况。她详细叙述了自己确定创意、收集素材、进行设计的过程，强调自己具有扎实的设计功底，能熟练使用各种网络软件，最后还附上了获奖作品。该作品得到了公司老总的赏识，因此过关。

有的人因为学历或资历过高找不到合适的工作。如果愿意降低期望，不妨隐去后来所受的教育。比如北京某高校的一位博士想在课余找份兼职工作，可别人一听说他是名校博士，就表示小庙容不下大菩萨。无奈博士只在简历上写明本科学历和读硕士之前的工作经历，对研究生教育经历略去不提。这样很快就找到了工作，后来老总得知他是博士，惊叹他居然如此脚踏实地，越发器重他了。

　　4. 力求精确。阐述你的经验、能力要尽可能的准确，不夸大也不误导。确信你所写的与你的实际能力及工作水平相同，还要写上你以前工作的时间和公司。你的表达或材料的某个细节如果让人感到可疑或者不舒服，你就可能错失良机。**与其把很多抽象的概念化的素质写出来，还不如用具体数据、事实等来表明你的工作实力，让别人自己得出结论。**假若你有在 GE 工作过的经历，那么写清楚这段经历远比自诩"团队精神"、"抗压能力"等等更具有说服力。应聘营销方面的职务时，最好列出你过去完成的项目、数量、完成的周期、效果、标的等。**用头衔、数字和名字来突出你过去所取得的成就，远比那些空洞的形容词要好。**

　　5. 注意用词。使用有影响力的词汇。同时要注意：雇主们总认为错别字说明人的素质不够高，他们最讨厌错字、别字。许多人说："当我发现错别字时我就会停止阅读。"

　　当然，求职中你还要提防某些企业在招聘过程中设置的陷阱。岗位虚设是企业在招聘的计划阶段最常用的办法。一些企业为了造声势，往往会将一次小型的招聘"策划"成一个大规模的招聘活动。只缺一个人，招聘广告上却写招4个人；明明只在省内经销的产品，却写招聘外埠多个城市的主管，而业务员根本没有限量。这么做主要是为了造声势，鼓吹公司的规模。还有更"缺德"的企业不缺人手，纯粹是为了扩大知名度。许多求职的人投出个人简历后，犹如石沉大海，不少人都认为真的是自己技不如人，被淘汰掉了。特别是一些应届毕业生将个人简历做得异常精美，造价很高，结果简历的命运是看都没看便进了碎纸机。

我们的传统印象中，到国企、机关这类单位工作，要通过熟人介绍才有把握，而企业招聘时同样会受人情左右，不过方式有所不同。因为企业机制相对现代化，所以操作时比较隐蔽。比如我想进一家企业，这家企业的某个人要帮我，那么这个人可能与负责收简历的人递话，于是这个人会把所有条件超过我的都放在一堆，在交给上级前直接送进碎纸机，老总只能见到我和所有不如我的人。而在简历被分派到各个部门时，可能会经历第二次同样的手脚。

应聘人员一般都会认为参加企业培训就代表已经进入了试用期，但高兴得太早了。新人的培训是很多大型企业人力资源部的一次重要工作，但有些企业会把这段时间模糊处理。特别是一些新生的、成长期的企业往往把培训变成推介企业形象的一种手段。有的保险公司常年招聘、常年培训高级管理人员，但培训时不论应聘什么职位，都要求完成一定任务量后才能转正。签合同时有的企业把《劳动法》里规定的一些重要环节省略掉了，也就把企业的一些责任和义务省略掉了。已经签了合同也单方面撕毁合同，用很多办法"刺激"员工主动辞职。比如，小差错大处理。最"阴险"的办法是主管领导对员工的态度不好，很多人因此主动辞职，这叫作"制造离职气氛"。

但无论前景如何不明朗，作为未来的职场人士，相信你仍将义无反顾，因为，未经历风雨不能见彩虹。

第六篇　面试如战场，斗智为先

　　面试是决定你能不能进企业的关键，机会总要靠自己去创造。你对所应聘公司是否了解很重要，面试时要调整好心态，用一种自信乐观的心态去面对。面试带有一定的偶然性，不能把职业成功的宝都押在求职技巧上。

面试是决定你能不能进企业的关键，机会总要靠自己去创造。你对所应聘公司是否了解很重要，面试时要调整好心态，用一种自信乐观的心态去面对。面试带有一定的偶然性，不能把职业成功的宝都押在求职技巧上。

　　企业的老板往往先从履历表了解求职者的基本能力，觉得可以接受后进行面试。面试时老板的第一个想法，一定是"我喜欢这个产品（求职者）吗？""这个产品（员工）有用吗？""这个产品（员工）和我合适吗？"这似乎也牵涉到人与人是否看对眼，不过求职者有办法让这个过程进行得好一点。无论是刚刚走出校门的大学生还是有一定阅历的社会人员，从企业人力资源角度来说是更看重哪种人适合这个职位，比如IT业对刚毕业的大学生的可塑性要求比较高，而传统企业更看重有工作经验和经历的人。

　　面试双方就像做一场相亲的游戏：通过媒人（招聘会）的介绍。**面试者总希望能够了解到应聘者更多的信息，而被试者则一方面要努力展示自己的优势，另一方面又要尽量掩饰自己的弱点。**许多学生在应聘之前并没有明确的目标，对于自己想就职于哪家公司及选择这家公司的原因没有很具体的计划。无论是去朗讯、诺基亚、摩托罗拉、IBM还是别的公司，总之要有目标。即使起初没有获得面试机会或面试没有成功，也不必灰心，可以不失时机地与面试经理联系并告知最近的进展，递交更新的简历并询问新的机会，也许该公司的经理对你没有任何印象，但久而久之当该公司要招人时，可能会想到你，机会总要靠自己去创造。**对所应聘公司是否了解，尤为重要。**

　　朗讯中国公司人力资源总监曾经历过这样一件事。那时他在AT&T（朗讯的前身）公司曾面试过这样一位应聘者。当考官问他对AT&T公司有什么了解时，他竟能把AT&T在全球及中国的概况，以及销售什么产品，发展前景如何，说得很清楚。考官问他是怎么了解到的，他说他一直就想来这家公司，听到获得面试机会非常高兴，于是特地花了几天时间了解。他留给考官的印象很深，不是他的答案，而是他的诚意。

　　做到这一点要求应聘者在之前搜集该公司的相关信息，并了解对其招聘职位的要求是什么，然后分析自己与这些要求之间的吻合程度及差异，以便对自己的推荐重点作适当调整，并可为回答面试中的有关问题做一些铺垫。用人单位信息包括：公司的规模、历史、经营状态；声誉；创造的产品或提供服务的范围；管理阶层的风格，是积极的、有冲劲的？还是保守的？是本地公司还是国际机构？只要你是一个细心的求职者，这些资料不难得到。

　　企业文化是其经营宗旨、文化背景、社会形象的人文囊括。一般像一些国际型跨国公司和国内的一流的公司都有自己的企业文化。有的还把自己的企业文化开宗明义、简明扼要地发布在本企业的网站上。如果你事先从这方面着眼，通过上网了解这方面的信息，或者通过阅读一些经济类报刊的相关报道，就有可能领会其企业文化的精髓。如国内著名企业海尔集团的那句脍炙人口的"让我们做得更好"就是它的企业文化的昭示。如果你对目标单位不能有深入的了解，可以通过你的所见所闻，谈一谈你对企业的大致感受，起码可以说明你有真心想成为它的一员的良好愿望。由此引申开去，彼此就可以就共同关心的话题展开进一步的交流。这实际上是为自己进入实战阶段作了良好的铺垫。

　　老板雇用员工，是希望员工可以解决问题。你也要有自信，让自己成为一个值得信赖的人。值得信赖的人不会自吹自擂，求职者无须膨胀自己，只需表现自己最诚恳、充满活力的一面。一个大公司招聘，面试时不光要问和你要从事专业相关的问题，更多的是看你的思维方式是否好。像微软这样的公司要看员工的创新能力、思维是否敏捷，比如"你现在用的电话有什么缺点？怎么改进它？"或者"龟兔赛跑时，如果兔子没有睡觉乌龟怎么赢得比赛？"这些问题和专业毫无关系，但前一个问题考查了你是否善于观察和解决问题，后一个问题隐含着在竞争中的两个公司或两个产品，处于劣势的那个怎样变为赢家的意思，从你的办法就可以看出你的创新能力是否强。

除了创新思维，主动性也是大公司很看重的。一般人的求职简历中，写自己参与过很多著名的工作的人多，而对这一工作中自己所处的位置，做了哪些工作，为什么这样做，取得了哪些成果写得很少，而大公司恰恰很重视这些，因为它能体现出一个人的独立工作能力和主动分析、解决问题的能力。总的来说，大公司考查员工的三项能力：你怎样解决问题；你怎样创意创新；你怎样和团队配合。这三关过了，进入公司也就不难了。

接受面试时，首先要有一颗平常心，调整好心态，要用一种自信乐观的心态去面对。消除紧张情绪，要克服不好的肢体语言，用开放的心态来面对求职时的提问会更放松一些。不正确的肢体语言也会影响面试时的心态。

看一位女生是如何应对面试考官冷眼的：大四的时候一家跨国电信公司到我们学校来开招聘专场。同学们大都很兴奋，因为这家公司一向在我们心目中有很高的地位——朝阳产业、良好的企业文化、新员工培训以及优厚的福利待遇。这些对于一个初入职场的学生来说，都是很大的诱惑。面试学生被分成4人一个小组，每个小组有一个面试官。面试过程很"残酷"，只要不入面试官的法眼，或是答不上提问，面试官就会说：你可以走了，也就是被当场淘汰。

那天和我分一组的是3个男生，我刚走到面试官面前还没来得及坐下，面试官只瞄了我一眼就冷冷地对我说："你可以走了，我觉得你不合适！"我很震惊，说实话也觉得很没面子。可是我没走，嘴上没说，心里满是不服气：你根本不认识我，凭什么看一眼就认为我不合适，凭什么就让我走？不过，当时我并没有吭声，因为我也觉得当面"质问"面试官既没礼貌也显得我很没风度。我想，等面试结束后再与面试官理论也不迟。

另外3个男生都坐下了，我可不管他们是怎么想的，我也坐下了。面试官到底没赶我走，只是当我不存在，然后开始对着其中一个男生发问："你最得

意的一件事情是什么?"可能是因为紧张,那个男生竟不知如何作答,支支吾吾地说自己还没有工作,没什么特别的成就,所以也没什么得意的事。我心里很着急,觉得他的回答有点偏题,于是在边上悄悄地提醒他:"你可以说一件在学校里做过的自己感到最满意的事情……"面试官看了我一眼,我也不以为然:你不至于给我加上一条作弊的罪名吧,反正我已经是"不合适的人"了——应该就叫"无欲则刚"吧。

不过,接下来的形势可不容乐观,3个男生相继被淘汰了,最后桌前就剩下我一个。面试官还没跟我对上话呢。我还是不动声色。终于面试官开口了:"那3个人应该是你的竞争者,可我刚刚看你一直在帮助他们,你为什么要帮助他们?他们答不上来不是对你更好?如果他们都淘汰了,岂不是你的机会就来了?"我说:"我不以为他们是我的竞争对手,如果都能通过面试,将来大家可能还是同事,有困难自然是要帮一下的。"面试官不置可否,却又拾起了先前那个话题:"我刚刚已经对你说过,你不合适,你可以走了。可你为什么不走呢?"

机会来了,该是我说话的时候了。我的"不满"终于有机会宣泄了:"我觉得你并不了解我,所以我要留在这里给你一个了解我的机会。第一,我非常仰慕贵公司,被它的企业文化和用人理念所吸引,所以我很郑重地投出了我的简历,也很高兴能参加这次面试。可是我完全没有想到遭遇如此当头一棒;第二,我还想说一句,我认为你的态度对一个面试者来说很不友善。因为今天我是面试者,明天我可能是你们的员工;我更可能是潜在的客户。可是你今天这样不友善的态度给我留下了深刻的印象,今天我可能成不了你的员工,但明天我可能不再愿意成为贵公司的客户;第三,你今天的不友善影响了我对贵公司的看法,明天还有可能影响到我所有的朋友对你们的看法,你知道,你可能赶走了不少你们的潜在客户!"

面试官笑了，对我的表现非常满意。因为从一开始，面试官早就给我出了一道面试题：如何面对挫折。要知道，这次招的是销售员，在未来的工作中，他面对的会是无穷无尽的拒绝和白眼，人家的态度可能比这位面试官坏好几倍。如果他连面试的还算礼貌的冷脸都无法面对，那他将来如何面对困难呢？另外，面试官对我在面试中愿意帮助别人也表示认同，这恰恰显示了我的团队合作精神。

语言是丰富多彩的，同一意思可以有多种表达方法。求职者关键要有换位思考的意识，即面对问题，首先要想一下，考官为何要问这类问题，假设我是老板，我想通过这类问题了解应聘者哪些方面的情况。其次，在组织语言时多表达出对公司利益的关注，多表现出个人的奉献精神。因为老板关注的是聘用你能给公司增加多少效益。第三，对公司利益关注，并不表明我们不计回报，这从一定程度上能表现我们的信心。

面试的时间有限，应试者要学会陈述，切忌滔滔不绝，一定要简明扼要，突出重点。主考官会提一些问题，比如你最大的缺点是什么？你最容易招致批评的地方是什么？这些问题并不尖锐，求职者可以表明自己无伤大雅的缺点，太自信做事太投入等。

美国总统林肯曾这样说，"我会用三分之一的时间来思考自己以及要说的话，花三分之二的时间来思考对方以及他会说什么话"。也就是说，在面试短短的时间内，考官的每一句话也许都有其潜台词。**求职者从考官的角度思考问题，即可做到知己知彼，有的放矢。**

你面对的是有着一定的人生阅历，甚至是带着一种审视或挑剔眼光的主管。面试虽短，但精明的主管可以从你的应聘材料中发现某些漏洞，或者从你的片言只语中看到某些不足，只不过不当场点破而已。那么，你有没有办法让主管眼睛一亮的本事呢？有没有办法让主管在现场对你产生较为深刻的印象呢？

虽然主管有不同的秉性，不同的文化背景，但有一点却是共同的，那就是在瞬间的观察中，你可以大致地了解到，其主管的性情或开朗，或沉稳，或幽默；或冷峻，然后采取合适的交流方式。有一名从中文系毕业的学生口才特别好，谈吐很风趣。巧的是他碰到一名颇爱开玩笑的主管。简单的开场白过后，这位同学很快地捕捉到了这个信息，找到了切入口，两人言来语往，轻松地结束了初试。当这位同学问主管什么时候得到正式面试通知时，主管竟然说了一句下星期八吧！这位同学反应很快，那我就在下周一等您的好消息。此言一出主管更是赞许地点了点头。

如果考官觉得求职者不错，会主动询问求职者对薪酬的期望。有的人为表现自己不看重金钱而说"无所谓"，但考官并不喜欢这样，想听到具体的"报价"，这样便于企业作出分析与决断。最想听到的回答是求职者说：我相信公司有合理的薪酬制度。应届大学生在面试中谈薪酬是个大忌。在一般大公司看来，没有经验的新人没有资格谈薪水。况且新人的起薪都一样，你谈了，人家也不会给你加薪，反而会招致反感。即使对方问你对薪水的期望，你也应谨慎应对，或者干脆用"我相信公司会承认我的工作价值"之类的话搪塞过去。

有工作经历的求职者常被问及：你能否描述一下你离开以前所供职单位的原因？这类问题是一定会被问及的，而且会是一个主要的问题，招聘单位能从中获取很多关于你的信息。回答这个问题时应该集中精力。像僵化机制、个人理想、照顾家庭、专业不对口等人们都可以理解的因素，是尽可以如实道来的。可有些因素谈起来就要慎重。比如：

人际关系复杂。现代企业讲求团队精神，要求这之中的所有成员都能有与别人合作的能力，你对人际关系的胆怯和回避；可能会被认为是心理状况不佳，处于忧郁焦躁孤独的心境之中，从而妨碍了你的从业取向。

收入太低。这样回答会使对方认为你是单纯为了收入取向，而且很计较个人得失，并且，如果有更高的收入，谁能断定你不会毫不犹豫地再次跳槽？

分配不公平。很多单位都开始了员工收入保密的措施。如果你在面试时将此作为离开原单位的借口，则一方面你将失去竞争优势，另一方面你会有爱打探别人收入乃至隐私的嫌疑。

上司有毛病。既然是在社会中存在，就得和各式各样的人打交道，什么样的上司都可能碰上。假如你挑剔上司，则说明你缺乏工作上的适应性，那么，很难想像你在遇到客户或关系单位的人时会不凭好恶行事。

领导频频换人。工作时间你只管做自己的事，领导层中的变动，与你的工作是没有直接的关系的。对此过于敏感，也表现了你的不成熟，甚至个人角色的不明确。在正常情况下，没有人喜欢在工作时与员工有太亲密的关系的。

在回答这类问题时，最好采用中性表达方式。但是，要注意的是说实话，因为你的回答有可能被单位调查，或者，因为"世界太小"而被你的熟人所认证。

企业看重的不是你的求职技巧。 面试确实带有一定的偶然性，就像歌手大赛中由于多种原因，获奖的并不一定是实力最强的人。因此，求职者不能将职业成功的宝都押在求职技巧上。企业更多关注的是求职者对专业的理解程度和工作态度是否认真。所以择业时，除了解用人单位的具体情况外，应该多关注当今社会对应聘者专业素养、工作态度和个人素质有哪些客观要求。万万不要企图凭借"求职就这几招"敲开事业成功的大门。

第七篇　职业生涯从琐事开始

踏进职场后，要能够根据现实调整自己的期望值。整天做琐事很正常，要在职场生存只有老老实实脚踏实地做人。如果你觉得天天都在学习，每天都进步了一点儿，再单调的工作也不会厌倦。试用期要多考虑自己是否真的适合在该单位工作，你的待遇取决于你的价值。

踏进职场后，要能够根据现实调整自己的期望值。整天做琐事很正常，要在职场生存只有老老实实脚踏实地做人。如果你觉得天天都在学习，每天都进步了一点儿，再单调的工作也不会厌倦。试用期要多考虑自己是否真的适合在该单位工作，你的待遇取决于你的价值。

　　经历重重征战，你终于进入向往已久的职场。上班的第一天太重要了！别人对你的第一印象全凭今天了。外在美绝不容忽视，当然更不能因为追求外在美，而第一天就迟到。这一天成就的第一印象，好就万事皆顺，坏就难以磨灭，需要很长时间去修正，那你也就只有祈祷：有突发事件的机会，让你正好可以展现你好的一面。所以第一天，你要笑脸迎人，尽可能将姓名与人头对号入座，至少不能给其他人以"这个人傲得很"的把柄。

　　刚去一个办公室，别人对你尚不了解时，在起初一段日子，给同事们树立什么样的形象，至关重要。上班头一个月内，是一个人展示自己形象的最佳时机。这时候，你的表现将在同事们以至老板心目中刻下印象，即使你以后有所改变，但他们对你的认识，依然根深蒂固地停留在你起初给他们的印象里。如果把握不好这个度，很容易给人以轻浮印象。而上班头一个月，应该以树立成熟稳重形象为主，否则，一旦印象形成，便难以改变，影响自己在职场中长久的发展。

　　在向着你的职业目标阔步前进时，别忘了小处不可随便——职场有许多看似琐碎的细节，实则是考验一个人品质的试金石。比如打印纸的反面可再行利用，不可随意废弃；一次性纸杯只能供客人使用，而公司职员自备茶杯；不允许在公司电脑上打游戏聊天，不允许用电话处理私人事务等等。

　　刚入职场，尽快进入工作角色相比较而言最为重要。所以在第一天大概了解了周围的环境之后，就要着手熟悉公司事务，尽快上手。不懂就问，没什么不好意思的，谁叫你是新人！尽管不是所有"前辈"们都会主动嘘寒问暖，只要你开口，对方绝对不好意思不说点儿给你听。也许初来乍到的你有满脑子的问题向邻桌的人请教，可人家的回答含含糊糊地让你一头雾水。其实大多数人只是怀有戒备之心，认为持不冷不热的态度最安全。

多听、多看，用谦虚诚恳的态度向同事学习业务知识，主动与感觉友好的同事接触，根据相同的爱好，可共同参加一些业余活动。或请他们吃顿饭，或在一块儿聊聊天，增进友谊，这样才能顺利完成上司交办的任务。而这些知识是在学校和书本上无法学到的。**工作需要的也正是实践经验。只要你把关系理顺了并很快地融进了"圈子"，那么对你日后的工作将大有神益。**

很多新人刚进职场，干劲十足，即使是午餐时间都埋头工作，然而却得到经理"你可能不适合我们这里"的结论。委屈的人儿百思不得其解，难道自己还不够努力吗？其实根源在于他（她）不会融入。日本给人际关系取了一个形象而又动听的名字叫"人脉"，并声称经营人脉应不遗余力。既然是经营，主动就不可或缺。在电梯间碰面、楼道里迎面相遇，就算没有什么话要讲，那就聊聊天气也可以。还有，尽量寻找机会参加公司的团体活动，不仅限于与一个部门的同事打交道，多利用公司团体活动的机会，认识不同部门的同事，既可以拓展人际关系，也可以了解其他部门的职能与角色，这样不仅不会遇到问题时抓瞎，而且还可以获得多过别人的有力外援。

另一个可利用的就是午餐时间。一定要共进午餐，只要听就可以了，而绝不轻易卷入"是非窝"。听后，你要分析、琢磨：同事们和老板相处的模式；公司中人际关系是如何构成的；哪些地方是公司的雷区；公司的哪些项目比较重要等等。让同事们尽快给予你平等的"国民待遇"和机会，正确评价你的业绩和人品，也是非常重要的。首先要做的就是在最短的时间内融入集体，避免受到排挤和孤立。只有这样，才能与大家和谐相处，享受到融入集体的快乐。在闲暇之余，与同事们一起出去娱乐，比如唱歌、郊游、泡吧等等，这不仅能增进彼此了解，也能让你获得更多的快乐和放松，培养一个和谐的人际关系。

因为大家都不熟悉，所以说话的时候必须注意分寸，不能想说什么就说什么。在每说一句话之前，都要先考虑一下是否合适。**不同的场合，对不同的人，话是不能随意说的，否则可能会带给你想不到的麻烦。**对主管有所不满贸然就去找老板投诉，这样不仅影响了工作情绪，甚至会影响到职业生涯。倘若换一种方式，找合适的时间合适的方法与主管直接沟通，可能效果全然不同。总之，互相尊重、配合，很快融入集体，这是你进一步展示才华的前提；这也是进入每家公司都要面对的功课。

多做小事，少点阔论。涉世之初的新人们要抱着多学一点，多做一点的心态，多从诸如打水、扫地、分报纸这样的琐事做起，容易和大家打成一片。建立为现实负责任的观念，少谈一些好高骛远的事情会让周围的人觉得孺子可教，他们会耐心释疑。多做小事，少点阔论，"一屋不扫，何以扫天下"的意义正在于此。新人总免不了被"老人"们支使着干点杂活，要是总找借口拒绝，时间长了有些同事看不惯，会百般刁难。新人要放低姿态，眼睛里有活，才会讨人喜欢。

有的人由于性格问题，就是不喜欢自己周围的人，因看不惯别人而不愿意与别人交往。这样使得自己的交际圈子越来越小，性格也就变得越来越孤僻。**每个人都愿意成为一个让别人喜欢的人。然而让别人喜欢和喜欢别人是互为因果的事，周围的人你都不喜欢，你一定为周围的人所讨厌。所以，改变一下态度，先学会喜欢别人，只要你善意地、真诚地去对待别人，就一定会发现别人身上的魅力所在。善意地欣赏别人，赞扬别人，定会有意想不到的收获。**

有位做公务员的女孩刚到新单位一周就开始抱怨工作环境的无聊与烦闷了。远离家乡，远离同学，对于一个习惯了有人照顾的女孩来说，落差实在太大了。同事们多为人到中年的大叔大妈，本来就内向的她更不愿意与人交谈。

他们说话根本就插不上嘴，自己也没有兴趣插嘴。整天呆坐在屋子里，每天例行公事到班之后，干完分内的事就抱着外语书看。同事觉得这个小姑娘不太好相处，也就渐渐地疏远她，结果到单位半年了，连一半的人都不认识。这种现象对于刚走出校门的年轻人来说并不罕见。一直习惯了在自己的世界里生活，突然被推到一个群体当中，是保持自己的个性还是尽快融入另外一个陌生的环境，这是一个很难的选择。也许你觉得跟一大帮无趣的人混在一起，还不如坚守自己的空间。事实却是，如果真诚待人，你还是会发现别人身上的亮点。有人能写漂亮的毛笔字；有人唱歌是一绝；有人很有爱心。事实上交流多了，大家也都把她当女儿或者小妹妹看待，有什么事都关照她。这时候，以往的孤独感、失落感就再也没有了。

年轻人有强烈的个性是很正常的，而要适应大的环境、与人沟通的本领却往往是他们所欠缺的。毕业生不能适应新环境，大都与其事先对新环境、新岗位估计不足，期望值不切实际有关。当他们按照这个过高的目标接触现实环境时，往往会产生一种失落感，感到处处不如意、不顺心。**初出校门很多想法都是理想化的，与现实有不少差距。因此，毕业生在踏进职场后，要能够根据现实的环境调整自己的期望值，尽量把期望值定得低一些、现实一些。**

比尔·盖茨给职场新人的话：

1. 人生是不公平的，习惯去接受它吧。

2. 这个世界不会在乎你的自尊，这个世界期望你先做出成绩，再去强调自己的感受。

3. 你不会一离开学校就有百万年薪，你不会马上就是拥有移动电话的副总裁，两者你都必须靠努力赚取。

4. 如果你觉得你的老板很凶，等你当了老板就知道了，老板是没有工作任期保障的。

5. 在速食店煎个汉堡并不是作贱自己，你的祖父母对煎汉堡有完全不同的定义。

6. 如果你一事无成，不是你父母的错，所以不要只会对自己犯的错发牢骚。要从错误中去学习。

7. 在你出生前，你的父母并不像现在这般无趣，他们变成这样是因为忙着付你的开销，洗你的衣服，听你吹嘘自己有多了不起，所以在你拯救被父母这代人破坏的热带雨林前，先整理一下自己的房间吧。

8. 在学校里可能有赢家和输家，在人生中却还言之过早，学校可能会不断给你机会找到正确的答案，真实人生中却完全不是这么回事。

9. 人生不是学期制，人生没有寒假，没有哪个雇主有兴趣协助你寻找自我，请用自己的空暇做这件事吧。

10. 电视里上演的并不是真实的人生，真实人生中每个人都要离开咖啡厅去上班。

新人们也要知道：**在职场生存没有什么偷懒诀窍，惟有老老实实脚踏实地做人。**每个新人都应尽量避免成为不懂装懂、将错就错、大吹大擂、恃宠敷衍的反面形象。

有位女孩进入广告行业，一年内在三家广告公司工作过。刚入行时，她觉得广告业是个非常有前景的行业，满怀信心要干出一番成绩。但真正进入职业角色后，她感觉到现实的工作与理想的职业相差甚远。第一份工作是广告设计，但老板让她改做业务，她觉得做业务既累又不挣钱。之后她跳到另一家公司，但老板不太信任新人，对她的工作不支持，没有机会单独完成一个广告创意。初入职场非常不顺心的她准备再次跳槽。职业人最基本的素质是要有责任心和敬业精神，第一个老板让她改做业务没有什么错，做业务后可以真正理解客户需要什么，不需要什么，如果没有第一线的客户经验，如何能设计出好的广告创意呢？第二个老板也没有错，信任一个人是要有过程的，得到一个朋友的信任都需要你努力去做一段时间，何况是一个企业的老板呢？你为公司做出了什么值得老板信任的事吗？你小的事情不屑去做，怎么让老板放心你去单独完成一个广告创意呢？不要把目光老是盯着别人的缺点，最危险的就是总是找老板的缺点，不要把自己看得太高，能先把小事做好才能证明你有实际能力，以后才有独立完成创意的机会。

职场生涯初期新人一般都被交代做一些琐碎工作，容易觉得不耐烦。其实，想想吃饭，天天吃，每天还要吃三顿，你怎么就不烦呢？因为每次吃的东西会不一样，即使东西一样，在一起吃的人不一样，也会有不同的感觉。同样的工作可以让它每天稍微地有些不一样。一样的问题，每天问不同的人，就会有不同的答案，不同的收获。**如果你觉得天天都在学习，每天都进步了一点儿，再单调的工作也不会厌倦。**

许多新人都是在出现问题时才勉为其难地去和上司交流，经常怕上司没时间理会自己。其实，让上司了解自己这个新人做得如何，并适时请教，很容易勾起上司的"传道授业解惑"之瘾，而对你有惺惺相惜之感。另外，在开会时适当发言，会让你的上司尽快注意你。切忌老是坐在角落处一言不发。好的建议或设想要敢于拿出来，当然也要乐于接受前辈们的批评或补充。

试用期是一个双向考察磨合的过程，用人单位可以考察新进人员并决定辞留，新进人员也可以考察用人单位并选择辞留。一般来讲，看看企业领导对待工作是否热情、勤勉，是否公正、公平地对待工作及下属，对公司的发展是否有脚踏实地的计划，有没有凝聚力，职位安排上是否任人唯亲等；看员工是积极工作还是消极散漫，团队是否团结一心、乐于帮助新人，同事之间是否拉帮结派；看工作内容能否发挥自己的才干，公司的内部管理制度规定得是否明确并被严格遵守，晋升通道或学习培训的机会是否平等；工作环境是否稳定，待遇是否满意等等。

公司的发展主要依靠管理层的领导，因此领导者的才能是十分重要的。某些公司在创业初期时，工作环境及待遇可能不尽如人意，但只要领导者有远大的理想及踏实的工作态度，能使员工最大限度地自觉发挥才干，使公司的业务蒸蒸日上，那么这个公司就有希望。反之，若领导者偏听偏信，奖罚不分，那么即使该公司有具体的制度，也可能没人遵守，即使有良好的待遇，也可能是昙花一现。所以，新人一定要睁大眼睛仔细地审视你目前供职的单位。

听听不同的同事对领导、对工作、对工资待遇等方面的评价。同事们工作久了，对公司了解更深刻，他们的评价会体现公司的价值观，是非常有用的资讯参考。同时，还要听其他渠道反馈的信息，包括公司的客户、竞争对手、关联单位等。对于知名的企业来讲，刚开始工资低，并不意味着半年后的工资低。所以最好先问问业内人士，或者问问公司中的"前辈"，再做决定。对新进员工来讲，你办公室的大小、座位的好坏、薪资的高低在短时间内都不是大的问题，远不如一生的成长重要。**每一位职场新人都要知道，自己喜不喜欢、适不适合这家公司，以及这家公司和自己在这家公司有无发展前景才是选择的关键，这些都有了，相信与之相应的薪资、待遇也都会随之而来，那是水到渠成的事。**

在有些新人的头脑里，公司提供良好的工作条件是一件理所当然的事情。但是，这种条件是用来工作的，不是用来娱乐的。初入职场的人多数都要面对旧电脑旧桌椅旧资料。除非影响工作正常进行，否则不予升级换代，这也是所有公司的态度。在惠普、IBM等大公司里，不论薪酬、福利待遇还是工作环境、设备都非常优越。而小公司没这样的实力。在北京这种房价高昂的地方差距非常明显。西门子公司可以在市区买一片地来修建办公园区，大量小公司却只能在居民楼、地下室办公。所以，依据大公司规定跟小公司老板提待遇要求着实好笑。有那份精力，还不如努力提高自己的业务能力，提高自身价值。不论在什么公司，骨干力量、核心员工的待遇总是不错的。有的甚至不用提，老板都会主动为他们考虑。没有别的，因为他们有价值！大公司的优越待遇，其本质也是用来吸引人才的，是一种投资。**如果你要求更高的待遇，那么你首先应该环顾四周，衡量一下自己是否有更高待遇所对应的价值！**

在试用期结束之前，还要多"想"。考虑该单位是否符合自己的职业规划，是否能提供公平的晋升空间，自己是否真的适合在该单位工作。

通过以上几个步骤的考察和自己的深思熟虑，你就可以决定是否留在该单位工作了。如果决定留下，那就把无限的热情投入到为之奋斗的事业中去；如果觉得彼此不合适，那就可以在试用期尚未结束时，请求辞去，不要勉强过了试用期后再辞职而付出高额的违约金。

第八篇　第一次的光荣

职场新人的理想和现实会有差距，只有成长起来了，做出业绩，自己成功的概率才会增大。企业的潜规则是约定俗成的，如果你没有把握住，对职业生涯的影响是致命的。要把同事也当成客户一样对待，才有可能取得职场第一次的成功。

职场新人的理想和现实会有差距，只有成长起来了，做出业绩，自己成功的概率才会增大。企业的潜规则是约定俗成的，如果你没有把握住，对职业生涯的影响是致命的。要把同事也当成客户一样对待，才有可能取得职场第一次的成功。

　　有一家美资企业，总经理对每一个新招进来的员工都规定最多3个月的试用期：第一个月是适应性培训，主要让新员工了解企业的产品、工作流程以及他所在岗位的主要任务。第二个月他给每一个员工分配一项工作，工作内容及要求都写在一张纸上，他自己亲自讲解直到对方明白他的意图为止，然后他就不管了。第三个月才让新员工正式切入到实际工作中。他认为理想的员工应该是：首先清楚自己要做的工作，其次就是有独立完成工作的能力。这样，你给他一个任务，当他明白你的意图后，你就放心地等待结果吧。这位总经理的要求有普遍性，涉及到几个方面的问题：其一是专业知识的实践和应用能力；其二是工作能力、接受能力和沟通能力；其三是对工作的热情和责任心。

　　新人刚到公司一般不会有太重要的工作，同事也会让着新人，对一些工作上的失误和言语上的冒犯不太在意，但在这时一定不能冲昏头脑。在满足感和成就感提高后，不能让胜利冲昏头脑，过于放肆。因为半年后到一年的时间段对新人来讲是考验期，大家已经不再让着你，也会接到一些有难度的工作，也许头年的错误和得罪过的人现在也会秋后算账，而且慢慢地新人也会看出公司的人际关系，也会发现自己的上司身上很多无法容忍的缺点，还会发现所在部门、所在单位、所在行业在社会上的劣势等，总之，工作压力人际关系等很多不尽如人意的地方会越来越困扰着新人，使其为自己的未来担忧。

　　对于职场新人来说，他们的理想和所从事的工作肯定会有差距。有位毕业于北京名校学技术的大学生毕业后进了百货公司，被安排到销售现场接触不同的客户并为他们服务。这并不比完成某项技术课题更容易。有一次顾客对所购的鞋不满意，声称穿了这双鞋后有不好的气味，甚至要他亲自闻。对于一个新人，这种心理落差可想而知。**刚刚走向社会的年轻人，选择性和主动性很少，被动性大于主动性，所以是不是能找到一个最喜欢、最适合自己的工作岗位，是偶然性大于必然性。只有经过一段时间以后，成长起来了，自己在这个职场上有了自己的分量和价值以后，这个时候他的选择性、主动性就会大于被动性，成功的概率必然性要大于偶然性。**

我们的教育制度容易导致"高分低能"。通过考试，获得文凭，意味着什么？有位进入杂志社的 X 君英语六级，认证工程师，还考了驾照。经理"招到了一个人才"的喜悦溢于言表。X 君当时没想到，除了这些证书，他几乎一无所有。最初的工作任务是设计制作公司的官方网站，但他想到的东西太少，制作的网站首页模版又让所有的人大失所望。正好公司在清理设备，于是他被派去查验并记录各电脑的配置，记录表却让人们目瞪口呆。CPU 只写了品牌没有写型号；内存只有容量，没有条数；主板一律没有记录……这样的清单没有用，就让他去做编辑，编辑一些国外资讯。在大学里面，英语过级实际上已经变成了考验临时记忆力的测试。说起考试，大家就会提起单词量。结果 X 君对杂志的专业术语不熟悉，很多词根本就别想在什么《牛津高阶英汉词典》上查到，遇上比较新的口语就更是一头雾水。恰好老总的司机辞职了，于是 X 君去给老总开车，一发动就踩错地方险些撞墙。X 君的学习热情也完全不在工作业务方面，最后只好离开。新人们要记住：要文凭，更要能力！文凭其实只是一块"敲门砖"。它也许能帮助你跨过企业招聘的门槛，却不能给你带来丰厚的收入、良好的待遇和广阔的发展前景。这些东西，都必须靠能力去争取。

很多人在面对失败的时候总会说，**挫折是一种财富，殊不知这并不意味着挫折和成功是一种由量变到质变的自然过程。**很多刚毕业的职场新人总会用这种心理来调整自己，当然从中获取经验教训是应该的，但是**如果仅仅是作为为**

自己的欠缺获取平衡的心理调整，**而不做任何改进的话，那对于职场的长久发展是弊大于利的。经历是财富。但只有战胜了苦难，总结了经验以后，这个苦难才是财富。**如果说以前自己在工作中不受重视的这段经历没有正确对待，那可能就一直在怨天尤人，自暴自弃。所以经历本身就是一个过程。在经历当中悟出很多道理，能够用理性的思维去指导自己以后，这段经历就是财富了，不然充其量只是经历而已。

新人一开始应把自己定位在"学习者"上，新人可以逐渐地表现自己，让老板知道自己是有想法的，可适当地提出自己的看法，在认为某事不合适或不合理时，一定要拿出自己的解决办法，并抱着学习的态度，不强迫对方接受的态度。在不同企业中，新人的生存之道也是不同的，如外企老板更希望新人能具有进取精神，而国企则希望新人能够听话踏实稳当。在小企业中老板更看重新人的活力，也会给予更多的发展上升空间，在规章制度明确的大企业则最好要懂规矩，一定要完成好交给的本职工作。但仅仅做好本职工作还很难引起上司特别关注和青睐。

上司欣赏的是那些不仅胜任本职工作，而且还能接受并做好分外工作的部下。这就要求你随时准备以快乐的心情，接受上司交代的新任务，而不要露出勉为其难的神情，更不要以这项工作不在自己的职责范围内而回绝上司。事实上，上司每交给你一项新工作，都是对你的一次小考验，你必须力争圆满完成这些任务，使自己有一个被上司赏识的机会。

你不必强调说你通过怎样的努力才达到你的成就，但也不要说得太过轻松，这样说会令人妒忌。你要平易近人，保持低调，这样便可在职场中无往不胜。**每一个决策的后面都有风险，但风险是可评估的，若不踏出新的一步，就没有成功的机会。**你可能正在思考：如果我接受了新方案，万一失败了怎么办？如果我负责新业务，成绩不理想，会不会脸上挂不住？不冒险很安全，但这样一来，你永远不会进步。有些人为了安全感保守地待在原地，却没想到总有一天别人会轻易地夺取你的腹地。初涉职场可训练自己逐步接受风险，不必害怕改变。学习的过程，甚至是失败的经验，都能帮你做出更大的决策并承受风险。

薪资报酬问题永远是企业与个人争论的焦点，新人在有了一定经验后会觉得自己付出了但未能收到应有的回报，而企业则觉得新人要求太多，在没有做出足够的贡献或接受足够考察的情况下，就要求多多。在个人回报问题上，新人一开始往往不过于计较，认为自己有一定实力后，便开始计较，而这时往往也是公司考察个人的关键时刻，一些公司不会在新人一做出成绩后就进行奖励，而会在考察一段时间完全信任后给予相应的奖励。新人不了解公司的游戏规则使他们显得很被动，大公司会在一阶段颁布一定的规则，但事后发现规则不适合再废掉的例子也比比皆是，所以新人一定不要被一时的现象所蒙蔽，退一步海阔天空，翅膀硬了再走也不迟。

你是新人，哪怕你才华横溢，也不要目空一切。刚从学校出来的时候，你是白纸一张，所以不要好高骛远，总觉得自己是天生的优秀工程师、部门主管、总经理，甚至是业界的领袖，而不想做自己手上的粗浅活儿。只有在别人都束手无策时，你那高人一筹的才华才可以在平淡中体现。那时的情景就会像流星划破夜空那样灿烂。

如果你的同事抓住你的错误大加指责时，你在恼怒之前，不妨认为他是对你的关心。从这个角度去理解和解决问题，要比无休止地争论对错要强得多。如果你能挖掘对方句句带刺的话里隐藏的积极因素，那么你就会大大消除出现敌对场面的可能性，从而减弱攻击的心态。

有位副总在审看秘书递给他的外文报告时，指出报告中的几个问题。这位外文科班出身的新人立刻进行辩解——这个词应该是这个意思，不会错的。上次你的这个错误就是我向外籍老板提出的,他也认为我是对的。副总的脸色立刻有点阴,他合上报告沉着脸走了。这位秘书与副总之间的矛盾,基本上都是这些琐碎的冲突。副总当年是看电视学外语自学成才的,这个经历一直是他的骄傲,可是自学的东西总有一些不规范的地方。年轻气盛学院派的秘书眼里自然揉不进沙子,所以常常会当面冲突。虽然对的常常是秘书,可是副总却是越来越不高兴。新人自己似乎欠缺了一点虚心和温和,一起工作,探讨问题的方式最好和缓一些,"可能"、"也许"这样的字眼能缓解矛盾,言语里面动不动就提到上司也是一种错误做法,这会让人有一种盛气凌人的感觉,越是优秀的人才越要注意这一点。

有位新人工作经验不够丰富,因为公司里有关系而直接被聘为主管,这本来是个可借此发展的好机会。但是他却感到从来没有过的压力。刚接过来的工作没有头绪,和新公司的新同事、新客户又不熟悉,所以许多人都议论纷纷。本来性情就特别急躁的主管脾气越发大起来,给下属的工作时间越来越苛刻,经常要求他们加班,如果工作稍有不合意的地方就会冲下属大发脾气。渐渐他和下属之间好像隔了一堵墙,没有人跟他交流,甚至不敢走近他。在这种需要团队合作的地方,这位主管明显地和周围格格不入,最后只能选择离开。

几乎在每一个招聘职位要求中,"善于沟通"都是必不可少的一条。**大多数老板宁愿招一个能力平平但沟通能力出色的员工,也不愿招聘一个整日独来独往、我行我素的所谓英才。**能否与同事、上司、客户顺畅地沟通,越来越成为企业招聘时注重的核心技能。而对初入职场的"菜鸟"们来说,出色的沟通能力更是争取别人认可、尽快融入团队的关键。很多人一提起沟通就认为是要善于说话,其实,职场沟通既包括如何发表自己的观点,也包括怎样倾听他人的意见。沟通的方式有很多,除了面对面的交谈,一封 E-mail、一个电话,甚至是一个眼神都是沟通的手段。职场新人要充分意识到自己是团队中的后来

者，也是资历最浅的新手。一般来说，领导和同事都是你在职场上的前辈。在这种情况下，新人在表达自己的想法时，应该尽量采用低调、迂回的方式。特别是当你的观点与其他同事有冲突时，要充分考虑到对方的权威性，充分尊重他人的意见。同时，表达自己的观点时也不要过于强调自我，应该更多地站在对方的立场考虑问题。

不同的企业文化、不同的管理制度、不同的业务部门，沟通风格都会有所不同。一家欧美的IT公司，跟生产重型机械的日本企业员工的沟通风格肯定大相径庭。再如，销售部门的沟通方式与工程现场的沟通方式也会不同。**新人要注意观察团队中同事间的沟通风格，注意留心大家表达观点的方式。假如大家都是开诚布公，你也就有话直说；倘若大家都喜欢含蓄委婉，你也要注意一下说话的方式。总之，要尽量采取大家习惯和认可的方式，避免特立独行，招来非议。及时沟通。**不管你性格内向还是外向，是否喜欢与他人分享，在工作中，时常注意沟通总比不沟通要好上许多。虽然不同文化的公司在沟通上的风格可能有所不同，但性格外向、善于与他人交流的员工总是更受欢迎。新人要利用一切机会与领导、同事交流，在合适的时机说出自己的观点和想法。

做事之前先做人。很多新人都面临两个选择：一是让新下属和新同事尽快接受自己；二是尽快做出业绩。但对于前面的那位主管，要同时做好两件事是极其困难的。一是他工作经验不够丰富；二是靠关系才得到这个机会。这时的首要任务应该是先做人，让别人接纳自己，而不是着急做事。主要精力先放在建立人际关系上，这包括：积极主动和所有的下属和同事沟通与交流，主动向下属了解公司情况，放下经理的架子，掌握每一位下属的专长，并对其适当鼓励，不要逼迫员工加班或不懂装懂。

企业与学校的最大不同在于，学校的所有规则都打成铅字印在学生守则里，而企业的潜规则是约定俗成的。如果你没有意识到和把握住，对职业生涯

的影响是致命的。在公司，同事之间是合作互利的关系，相互之间是互补的，要做好一个案子，最重要的是部门和部门之间的合作。比如做客户服务的新人总是听人说，客户服务就是要做到让客户满意。所以每当客户提出什么要求都满口答应，完全不考虑执行部门的同事能不能承受得了。有的时候客户提出很过分的要求，明明力所不能及的也会不加考虑地答应下来，要是同事们没有按时完成，还会责问同事："你们为什么没有做好？"

　　一味地满足客户并不一定就是对公司好，因为办任何事情都要基于一个客观的基础，不能过与不及。让客户满意不错，但是要知道，你和同事是一个合作的关系，要把你的同事也当成客户一样对待，不但要客户满意，也要同事满意，这样才有可能取得职场第一次的成功。

第九篇　你的第一个老师

上司是新人们职场上的启蒙老师，从他们身上学到的准则会让新人受益匪浅。上司通过"架子"来显示自己的权力是无可非议的，不要害怕上司。聪明些、圆滑些是下属应具备的素质。也许你在某些方面比上司强，但他肯定有些地方是你所不及的。

上司是新人们职场上的启蒙老师，从他们身上学到的准则会让新人受益匪浅。上司通过"架子"来显示自己的权力是无可非议的，不要害怕上司。聪明些、圆滑些是下属应具备的素质。也许你在某些方面比上司强，但他肯定有些地方是你所不及的。

在职场，你的第一个老师往往就是你的上司，或者叫主任或是科长部长，总之直接管着你的那个人。你是怎么界定上司这个角色的？是常常让你觉得如履薄冰的人，让你谨小慎微的人，还是每每让你咬牙切齿的人呢？其实上司还有一个全新的角色，就是让你偷师学艺的那个人。新人出场，首先学什么？学工作技巧、学行业规范。

上司是新人们职场上的启蒙老师，从他们身上可以最直观地学到从此行走职场的随身宝藏，启蒙教育往往是最有效的，这样的准则可能会伴随职场生涯而让新人受益匪浅。上司一定有独门绝招，是他们独立山头的随身法宝。绝招的学习当然比一般"偷师"困难，但学到了收获也会翻番。靠细心和认真，这些绝招终究会在新人面前显山露水，新人的茁壮从这里开始。

比如做客户服务工作总会遇见些不讲道理的人，你不知如何应对，上司居然能几句话就把他安抚住，你就应该观察上司是怎么摆平这些难伺候的客户的。是不是你遇见这类客户时总是心急，一上来就想摆事实讲道理，客人也认为自己对，两边自然杠上。而上司先听客户说，甚至还要顺着客户说，等那边把要说的话讲完之后才不卑不亢地表示自己的意见，用耐性和方法解决问题。上司当然很难是朋友，却可以是老师。在不断的成长和自我完善中，从上司那里吸取源源不断的智慧和经验，新人的成长和历练就从这里开始。

戴高乐在他的著作《剑锋》中写道："一个领袖没有威信就不会有权威。除非他与人保持距离，否则，他就不会有威信。"上司有其作为上司的心理及特点，同时，他至少有像常人一样的友情、亲情、爱情……他是矛盾的，他的尊严和权威，又正是他的痛苦和孤独。许多上司正是通过有意识地保持与下属的距离，使下属认识到权力等级的存在，感受到上司的支配力和权威。而这种权威对于上司巩固自己的地位、推行自己的政策和主张是绝对必须的。如果上司过分随和，不注意树立对下属的权威，下属很可能就会因为轻慢上司的权威而怠惰、拖延甚至是故意进行破坏。所以，**某些时候上司通过"架子"来显示自己的权力，进而有效地行使权力是无可非议的，对于上司很好地履行自己的职责也是必要的。**

如果对职场新人们做个调查，是温和可亲的上司多，还是严厉的上司多，肯定多数会把票投向后一种。刚出社会的新人一旦遇见严厉的上司，绝对把他（她）看成对立面。虽然上司可能也不过只是比新人多拿点薪水而已，却常常被归类到总是压迫自己的"对立阶级"去。不过，这世界上没有无缘无故的事，更没有无缘无故的上司。职场的前辈们都有经验能让新人们学习，"偷师"当然更能进步。对于不善交往，容易在严厉的上司面前露怯的新人更要善于学习，还要与你的老师多多交流，以便学得更多更好。

不要害怕上司，即使很严厉。有则寓言说一只狐狸从来没有见过狮子，偶然一次在森林里碰到了狮子，被吓得半死。当它第二次遇到狮子时，仍很害怕，但比第一次好多了。第三次遇到狮子时，它竟有胆量走上去，与狮子进行十分亲切的谈话。这故事是说不要害怕不了解的事物，接近它，就会觉得没什么可怕的。与上司交往也是一样的，一回生，两回熟，掌握了相处的技巧，沟通是不成问题的。

职场中，你会遇到许多不同类型的上司：有的性格温和，为人谨慎；有的脾气暴躁，做事草率；而且，每个人还都有与众不同的习惯。对待不同的上司有不同的相处之道，既然你在他（她）手下做事，当然就要掌握应对的"战术大全"。贤明通达之士，自然是好相处，如果不尽如人意，我们怎样对付？上司的类型是各种各样的。为了适应不同的上司的做事风格，就必须善于保存自己、掩护自己，能应付各方面人物，应付各种局面。所以说，**聪明些、圆滑些，并不是毛病，恰恰是作为一个下属应具备的素质**。在某些工作环境里，开某些玩笑是可以接受的，不过，这个玩笑绝对不能对任何人造成伤害，也不可对公司造成任何破坏。行动之前要三思，如果你对自己的想法有怀疑，那还是不要做好了。

那么怎么和你的顶头上司处好关系，并和他保持一个良性的互动通道呢？

首先，不论你是哪个岗位的职员，都要学会尽量快速准确地领会上司的意图。一切工作都是从接受上级指示和命令开始的。对上司做出的决策、委派的任务，应该在规定时间内完成。上司的疏漏，要帮助补救。比如"主任，昨天我交给您的文件签了吗？"主任想了想，然后翻箱倒柜，最后摊开双手："对不起，我从未见过你的文件。"如果你是刚来的新人，碰到这种情况通常会说："我看着你将文件摆在桌子上的！"但老手就绝不是这样了，他会平静地说："那好吧，我回去找找那份文件。"回到自己座位上，把电脑中的文件重新调出再次打印，当你再把文件放到他面前时，他会看都不看就签字，因为他比你还清楚文件原稿的去向。有时候你提出的好的意见、办法之所以没有被上司接受，是因为自己的方法不得当，同样是个好建议，因提交的方式不一样，结果会大相径庭。如果是自己的方法不当，就应当采用能让上司接受的方法来提交。

其次，学会向上司汇报情况的方法。做汇报准备时，要整理好汇报的内容，明确主要观点，最好写成正式报告材料。在汇报工作之外，要争取为上司收集与此相关的信息，以便上司更好地决策。

在因为问题处理不当，受到上司的批评的时候，要虚心接受批评。上司一

般不会把批评、责训别人当成自己的乐趣。**员工对批评不要满腹抱怨，要仔细反省自己身上的问题，并及时改正。不要把批评看得太重，受到一两次批评并不代表自己就没前途了。**曾经有一个人很不满自己的工作，他忿忿地对朋友说："我的上司一点也不把我放在眼里，改天我要对他拍桌子，然后辞职不干。""你对那家公司完全弄清楚了吗？对他做生意的窍门完全搞通了吗？"他的朋友反问。"君子报仇十年不晚，我建议你好好地把他们的一切商业技巧、文书和公司组织完全搞明白，甚至连怎么修理复印机的小故障都学会，然后辞职不干。"他的朋友建议，"你用他们的公司，做免费学习的地方，什么东西都懂了之后，再一走了之，不是既出了气，又有许多收获吗？"那人听从了朋友的建议，从此便默记偷学，甚至下班之后，还留在办公室研究改善工作的方法。一年之后朋友偶然遇到他："你现在大概多半都学会了，准备拍桌子不干了吧！""可是我发现近来上司对我刮目相看，总是委以重任，还建议老板给我升官加薪，我已经成为公司的红人了！""这是我早料到的！"朋友笑着说："当初你的上司不重视你，是因为你的能力不足，却又不努力学习；而后你痛下苦功，当然会令他对你刮目相看。只知道抱怨上司的态度，却不反省自己的能力，这是人们常犯的毛病啊！"

脾气大、爱发火的上司，大部分属于那种工作作风泼辣，雷厉风行的人。他们把完成工作任务看得很重，在这方面稍微有一点使他不满意的地方，就有可能训斥下属。与这样的上司相处，你要了解他的性格特点，你像面对着一堆易燃易爆品，要切实管好火源，认真做好本职工作。领导交待的事，不拖延耽搁，办事利索些，工作前做好各种准备。当遇到这样的上司发火时，最好的办法就是硬起头皮洗耳恭听。正确则心里接受，不对则事后再找机会说明，这比马上辩解，火上浇油要高明得多。**你必须明白，向情绪尚处于激动状态的领导所作的任何辩白，在效果上都是徒劳的，而且会适得其反。**

一般情况下，人们发完脾气后，都是会有些后悔和自责的，许多上司还会为自己不能"制怒"而感到有些懊悔，下属可以利用适当时机规劝领导，讲明发火的不良影响，正因为领导此时已经懊悔，所以他可能会接受下属的规劝。如果上司发火不在理，使你受了委屈，那你不妨用事实来证明自己没错。但要注意方式，不可过激，要沉静自信，并且言简意赅。

如果下属的确做错了事，一定不要羞于再见上司，或害怕要被训斥。高明的领导是绝不会为同一个问题动两次肝火的。但下属在事后深刻地检讨和表明决心是十分必要的。它表明，你并没有忽视上司的话，你有自我反省并希望有机会进行改正的意愿。事实胜于雄辩，行动胜于表白。我们只有拿出事实和行动来，才能熄灭火气。如果上司是因为你的工作出了问题而发脾气，你应该马上行动起来，采取措施补救和改正。上司看到他的话已经起了作用，火气自然就消去了一大半

有一类上司，专爱在下属之间挑拨是非，制造矛盾，还爱在老板面前打下属的小报告，搞得员工之间关系紧张，还动不动就挨老板骂。像这样的情况，就要员工之间先把话说开，确定是上司在搞鬼，再想办法对付他。俗话说：害人之心不可有，防人之心不可无，对这种差劲的"小人型"上司，决不能碍于情面而一味忍耐，一定要找准时机，当面揭穿，然后主动找老板说明情况，让老板了解事情的真相。要相信，当老板的都是会为自己企业负责的，当他得知自己手下的主管是如此之人，从企业的生存和发展出发，一般是会考虑采取相应措施的。"人在屋檐下，不得不低头"，基本的一条是要学会与其相处，如果你不想和自己过不去，最好就不要和这种上司过不去。如果上司喜欢揽功诿过，对了都是自己的功劳，错了却要下属承担，这说明他自私自利、人格卑微。与这种上司相处，就须刚柔相济，既不可逆来顺受，也不可一味顶撞。**在老板面前适当地维护一下自己的利益也是无可非议的，要让上司知道做人是有**

原则的，忍让也是有限度的。

你如果遇到热情的上司，当他对你表示特别好感时，不要完全相信而认为相见恨晚，必须明白他的热情并不会持久，要保持受宠不惊的常态，采取不即不离的方式。"不即"可使他热情上升的走势和缓，不致在短时间内便达到顶点，同时延长了彼此亲热的时间；"不离"可使他不感失望。"君子之交淡如水"，就是用这种方法。如果你有所主张或建议，也要用零卖方法，不要整批发售，使他对你时时都感到新鲜。对于他所提的办法，你认为对的，赶快去做，否则"夜长梦多"，过些时候他会反悔的；你认为不对的，不必当面争辩，只要口头接受，手中不动，过后他自知不妥就不再提起了。总之只能用以缓待急的方法。万一他的情绪低落，你就安之若素，静待适当的机会，再促其感情回升。他的感情好像时钟的摆，摆了过去，还会再摆回来的。

再次，针对上司的优点和兴趣，采用迂回侧击的战术赢得上司的信任。战术本无优劣之分，只有运用得当，巧妙达到战略目的才是根本。一般来说，正面和侧面攻势相互结合，效果更佳，使上司"腹背受敌"，不把赞赏的目光投向你也不行。投其所好的关键是找到"好"之所在，即兴趣之所在，才能"弹无虚发"。感兴趣的事物因人而异，商人好利、勇士好战、学者好名，针对不同人的爱好和兴趣，投其所好，纵是坚城堡垒也有一天会为你敞开大门。迎合上司所好，应明确知道上司的喜好是什么，针对不同的上司而采用不同的手段。在职场上，能力固然重要，但服从与配合同样不可缺少，这样才能获得公司重用。**每个人都喜欢与自己想法相近、个性契合的人相处，主管与部属的互动关系也不例外。**学会投其所好很重要，但绝对不是拍马屁。上司晓得自己几斤几两重，过度逢迎反而产生反效果，所以在感到自在、乐意的情形下，部属应尽量配合上司要求，并且在某种程度下修正自身个性。

不管谁是谁非，"得罪"上司无论从哪个角度说都不是好事，只要你不想调离或辞职，就不可陷入僵局，无论何种原因"得罪"上司，都不要向同事诉苦。如果失误在于上司，同事对此不好表态，也不愿介入你与上司的争执，又怎能安慰你呢？假如是你自己造成的，他们也不忍心再说你的不是，往你的伤口上撒盐，更有居心不良的人会添枝加叶后反馈回上司那儿，加深你与上司之间的裂痕。所以最好的办法是自己清醒地理清问题的症结，找出合适的解决方式，使自己与上司的关系重新有一个良好的开始。同时找个合适的机会沟通。

消除你与上司之间的隔阂，最好的办法是自己主动伸出"橄榄枝"。如果是你错了，就要有认错的勇气，找分歧的症结，向上司作解释，表明自己会以此为鉴，希望继续得到上司的关心；假若是上司的原因，在较为宽松的时候，以婉转的方式，把自己的想法与对方沟通一下，无伤大雅地请求上司宽恕，这样既可达到沟通的目的，又可为他提供一个体面的台阶下。你可以利用一些轻松的场合来化解，比如会餐、联谊活动等，向上司问好、敬酒，表示你对他的尊重，上司自会记在心里，排除或淡化对你的不满。其实，保持良好的心态，**别将上司理想化最重要——他（她）也是一个与你一样的普通人，同样承担着各种压力，多从他的立场上考虑，你和上司之间自然会建立一种和谐的氛围。**

有的人经常为此苦恼：在某些方面，我比上司强多了，可他却压在我的头上，该怎么办？

首先，上司不如自己是正常的事情。所有人都不是万能的，肯定在某些方面不如别人，这是规律。整体而言，能力强的人，都会有自己的个性与脾气，所以如果你很有能力，与上司的性格不一定能够完全契合。你要想想是否你成绩虽然很好，但与周遭同事都处不好？是不是像个独行侠总是闷着头做自己的工作？大部分的工作需要团队合作才能完成，若你只顾到自己的工作状况，而完全不理会他人，自然会影响上司对你的印象。

其次，上司肯定有优于你的地方。**上司之所以成为上司，肯定有超过你的**

地方。也许你在某些方面比上司强，但他肯定有些地方是你所不及的，比如年龄、经验，某些方面的资源、阅历，与整个组织的感情资本，与周边关系的了解程度，而这些也许正是组织需要的，而你恰恰不具有，所以应该客观地看待这一问题。上司有时候并不是真的不如你，不过是工作技巧和艺术手法罢了。上司故意示弱，目的是想探究下属的真才实学和对问题的看法以及性格；或是为了收集各种意见方案，满足下属的成就感和自豪感，从而达到激励下属的目的。所以作为下属应主动配合上司，帮助上司实现意图，不要故意给上司一种摸不透的感觉。

第三，尊重上司。无论上司水平比自己低多少，都应尊重上司，这是最起码的职业意识。上司处在上司的岗位，不是上司个人重要，而是上司的岗位重要，你最起码应该尊重上司这个岗位，既然设立了上司这个岗位，那么这个岗位理应受到下属岗位的人尊重，不然组织不就有问题了吗？

第四，支持帮助上司。如果上司不如自己，那么你就应该尽力帮助上司，出主意想办法，这是下属的职业准则，不要袖手旁观，等着看上司出丑。帮助上司并不是讨好、拍马屁，而是组织工作的需要，企业的发展需要组织全体成员群策群力，需要大家共同的智慧和力量。你的智慧和力量贡献给上司，就是贡献给自己所在的组织，最终受益的肯定也有你自己，不然，都不帮助和支持上司工作，你所在组织会是什么结果？若组织危险了，还会波及你自身。

第十篇　如何管理老板

虽然老板管着你，实际上你也有管理老板的办法。打工的人要调整好心态，多从老板的角度来理解老板，就不会经常有寄人篱下的感觉了。要想获得老板的信任与器重，必须抓住机会来证明自己的忠心与称职，多和老板交流。千万不要表现出自己比老板还高明。

虽然老板管着你，实际上你也有管理老板的办法。打工的人要调整好心态，多从老板的角度来理解老板，就不会经常有寄人篱下的感觉了。要想获得老板的信任与器重，必须抓住机会来证明自己的忠心与称职，多和老板交流。千万不要表现出自己比老板还高明。

　　有一个人去鸟市想买一只鹦鹉，他看到了一只鹦鹉的前面放着一个标签，上面写着：这只鹦鹉会说两种语言，售价200元。他又看了看旁边的那只鹦鹉，它的标签上则写着：这只鹦鹉会说四种语言，售价400元。到底应该买哪一只呢？两只鹦鹉都是毛色光鲜，也都十分的惹人喜欢。这个人看了又看，一时间还拿不定注意。结果他突然发现有一只很老的鹦鹉，毛色暗淡，而且还十分的散乱，但是却售价高达800元。这个人赶紧把老板叫了过来，问道："这只鹦鹉是不是会说八种语言啊？"店主很无奈地说："不。"那个买鹦鹉的人就更加不解了，又继续问道："那么这只鹦鹉又老、又丑、又没有力气、又不可爱，怎么还会价值这么多钱呢？"店主回答道："那是因为另外的那两只鹦鹉叫这只鹦鹉'老板'啊。"

　　老板多了自然故事多。这些故事的主人公们由于品行不同，个性不同，往往在下属的眼里，是一群太多样化的形象。而且在提到这一形象的时候，这些下属们还伴有太多样化的情绪：厌恶，愤怒，崇敬，甚至温情脉脉。但是，不管你是崇敬还是憎恶，你都得承认，老板是你生命中邂逅的重要人物之一。老板与员工，单从语义上来说是构不成一对反义词的，但在现实中往往又构成了一种矛盾关系。**一个是管理者，一个是被管理者，有些矛盾和摩擦也是难免。这就需要我们这些打工的人调整好心态，要多从老板的角度来理解老板的言行，你就不会经常有寄人篱下的感觉了。**

　　在职场上闯荡了一段时间之后，每换一个工作，我都会对自己的下一个老板充满期待。我的体会是，最好的老板是欣赏并提拔自己的老板；次之是宽厚

的老板，对手下的员工充满仁爱、慈祥和体恤；再次之是公正的老板，行事、说话虽有威严，但却公道。如果这些美好的品质集于一身的话，而且他恰好还是一位有意思的老板的话，那你就有福了。

有位老板和我这样说："整个集团至少有 2000 多人，这里头有的是人才。第一，我希望你懂得摆正自己的位置，也就是说你必须虚心地学习，从比较低的职位做起；第二，有没有机会升迁，得看你自己的本事。你是我介绍到公司来的，你做得好，我就不会丢脸，如果你做得不好，我也不会帮你说话。任何时候，靠你自己的实力，比靠任何人的帮助更可靠。同时，**在大机构工作，很多时候做人比做事重要，无论到了哪一个部门，对你的上司，正确的要接受，错误的要忍受，他把你用顺手了，你才有升迁的机会。**"我知道他是以一个长者的身份，而不是老板的身份在和我做这番推心置腹的谈话，甚至后面那些话，如果传出去，也许对他的形象会有影响，但这更可见他待我的诚心，他的每一点提醒，都是善意的，在我此后多年的职场经历中，更是被事实证明是正确的。

一个职场人在办公室里就像在战场上一样，如果有很多朋友，那么遇到什么事都会逢凶化吉、遇难呈祥；如果周围都是敌人，那么躲在战壕里也会被一颗"流弹"要了小命。因此一定要睁大眼睛，认清哪些人是敌人，哪些人是朋友。分析起来，办公室里的主要敌人大概有两种。第一种敌人：男老板。和男老板相处，你得小心。在他面前，既不能干得太好，也不能干得太孬。干得太好，会让他产生危机感，一山不容二虎，说不定找个机会就把你做掉。干得太孬，会让他看不起，男人天生看不起弱者，他们爱和自己智力相仿的人打交道。而且男人又是成见很深的家伙，只要你有一件事办得让他觉得很"弱智"，那么你在他手下一辈子就别想翻身了。以后你干得再好，在他眼里也只是"憨人有憨福"。

第二种敌人：女老板。和女老板闲谈的时候，千万别提到你那漂亮的女朋友。女人的妒忌可是不分场合、无关身份的。女老板穿了新装来上班，有时候注意的时间不要超过三秒钟，要像什么也没有发现一样；有时候必须强迫自己注意三分钟以上，必要时还得出声赞叹。这其中的妙处全在你的用心体会，千万不要表错情。还有很多禁忌：不要问年龄，不要问家庭情况，不要问她的学历，不要……工作上女老板们往往很挑剔，因为当她们在你这个职位的时候，由于她们的性别，受到的指责是男性职员受到的两倍，现在你当然不能指望她们心慈手软了。假如她恰巧是一个女权主义者，你更得多长几个心眼。

我们还可以很方便地找到两种主要的朋友。第一种朋友：男老板。如果他年纪和你差不多，你可以和他称兄道弟，并且冷眼旁观他的处事之道。在和你一样岁数的时候，他做了你的老板，相信你可以从他身上学到很多东西。如果他的年纪比你大一些，你可以和他做忘年交，体会前辈对待世界的看法。你可以暗地里设想，假如你处于他的位置，会怎么做，结果会更好还是更差，这样你学到的东西也不会少。男老板赏罚分明，在加工资时没有感情因素会起化学作用。只要能把事情办好，他们一般不会斤斤计较你要报销的差旅费。可以找男老板以建设企业文化的名义组织公司的球队，每隔一段时间就出去疯玩一阵，只要邀请他当教练或领队，一般他会很乐意掏腰包。

第二种朋友：女老板。你要相信一点，在内心深处，女人都是善良的。不管她们表面上是多么的冷峻，多么的不近人情，但她们心里都有一块柔软的地方，就是她们的母性本能。在很多场合下，女老板的细心能体会到你委曲求全的良苦用心，不会把你的好心当作驴肝肺，所以你只要凭良心做事就可以了。在工作和家庭、爱情有冲突的时候，她们会通情达理地帮助你，给你假期或提早发薪。只要你规规矩矩做人，老老实实干事，她们没有理由刁难你。如果女老板觉得你够优秀，而你又没有女朋友，也许她会给你介绍一个。不管成功与否，这都是你们建立私人友谊的良好时机。

员工与老板的利益是对立的，这一事实无法改变——给企业创造价值、体现自身价值为老板所用，而能否掌握自己的命运，就看你的招数如何。做老板不容易，想做一个自己掌握命运的员工也不容易。人生道路，可能在老板手下，也可能成为老板，但是**无论如何，都应该分析不同位置的处境，使自己多一份胜出的机会**。千万别以为个个老板都喜欢那些惟命是从的职员。

当然，每一个老板身边都会有一类职员只是按老板发下的本子办事，例如秘书。即使是这种职责上需要惟命是从的职员，在获得老板信任之后，也必须记得在适合和准确的时机，表现自己的智慧和创见。例如老板命司机载到某个目的地，司机不妨运用自己的专业知识，向老板建议要走哪一条捷径，可以避免塞车。这种小小的表现，会很得老板的欢心。一般来说，处于高职位的人，要成为老板心腹，不是只晓得点点头说"是"，而是晓得在什么时候，什么环境下向老板说"是"或说"不是"。

最重要的法则是：当下属否决老板的意见，即是要说"不"时，也应尽量在单独与老板相处的时刻，而且能技巧一点令老板明白自己的异议，从而启发老板自行改变主意。总而言之，将那个决策定夺的功劳仍归于老板，至为重要。另外，姑且勿论自己赞成或反对老板的指示，必须要有一个充分的理由，且令对方明白这个理由，才不会认为是为赞成而赞成，或为反对而反对。这样，跟老板的关系一定会好起来。

西方管理大师杜拉克在1986年写了一篇文章叫《怎么管理你的老板》，杜拉克说，**"经理人的绩效最依赖的是其上司。""管理上司是下属经理人的责任和成为卓有成效的经理人的关键（也许是最重要的因素）。"**大师说，其实管理上司也很简单，有几件事情是必须做的，也有几件事情是肯定不能做的。"第一件必为之事是去问你的上司——至少每年一次：我和我的人在做的哪些事能够帮助你做你的工作？哪些事在妨碍你的工作、让你的日子更难过？"这个问是两个意思，一个要走过去说出来，问他，另一个是要发现，要想他的目标是什么，他的目的是什么，你现在做的哪些事情是在帮助他实现他的目标，哪些事情是在妨碍他实现他的目标。

大师建议之二是说，**"要明白你的老板是一个人。没有两个人的工作、表现、行为是相似的。下属的工作不是去改变老板、再教育老板、让老板遵循商学院或管理书籍上传授的做老板之道。""帮助你的老板作为一个特定的个人取得绩效。"**了解你的老板的习惯（比如，他喜欢口头汇报还是书面汇报）。了解他的长处与短处（比如，他如果弱于财务，那么需要做财务决定时，事先给他准备充分的财务分析资料）。不要试图去改变老板的弱点，而是要帮助他发挥他的优点，帮助他避免他的弱点可能犯的错误。

第三点建议就是说，**"最后的必为之事是确保你的上司了解能对你有何期待，你和你的人的目标、优先是什么以及不是什么。"**

与老板相处不是一件容易的事，所谓投桃报李，当下属的要先投以桃。那么，员工如何经营自己，使自己有"桃"可投呢？要感动老板，最重要的就是忠心耿耿。一个下属固然需要精明能干，但如果再有本事的下属，却有了异心，不对老板效忠，那么这种能干的职员是很可怕的。因为他知晓了许多商业秘密与业务的关键所在，一旦泄露出去，后果不堪设想。故而老板们所倚重所相信的职员，都必须是忠诚可信赖的。有时宁愿把一个能力平常的下属带在身边，只是因为这个能力平常的下属是忠心不二的。所以，**要想获得老板的信任与器重，必须抓住机会来证明自己的忠心与称职。**要让老板感到，你是一门心思跟着老板干的，或者巧妙地暗示，其实自己还是有很多其他发展机会的，而自己全部放弃了，为的是一心一意服侍老板。老板感到了你的忠诚，你才会取得老板的信任，这也就是迈出了青云之路的第一步。所有的老板都害怕下属欺骗自己，尤其是有关公司的资产、纪律、形象，更不容许有人侵犯。除了极少数例外，绝大多数老板都是经过自己的努力奋斗才取得今天的成就，他们作为一个群体的领头人，都有着自己的原则。这些原则支持着老板开展工作。脚踏两只船的人、公私不分的人肯定令老板们不快。

在一切都要讲究"适度"，讲求"中庸"，讲求"恰到好处"的我们这样一个东方文明古国，由于旧有的传统观念作梗，要肯定自己的能力事实上却相当困难，人们普遍不敢在别人面前说自己行，你的策略应该是既不要太过张扬，也不能隐忍退避，无所作为，而应有适度的自主性、适当的积极性、恰到好处的自我表现。比如：你可以对老板说："这项谈判可否交给我去，因为我与对方有过几次接触，对其谈判策略有些了解，而且私人关系也还可以，我去胜算要大一些。请老板斟酌。"这样你已把自己的优势完全展示给了老板，但同时没有压倒哪位同事的意思，老板也会觉得这样做仅仅是考虑对公司有利，是在为老板"分忧"。

特别需要注意的是，千万不要表现出自己比老板还高明。因为老板要维护其作为老板的尊严。即使你觉得自己的见解确实比老板高明，也不要直接说出来，你应用迂回的方式表达自己的意思，在与老板的讨论中逐渐加入自己的见解，改变老板的思路，在不知不觉中将自己的想法变为老板的想法。要在潜移默化中让老板接受你、信任你、放手使用你。不要代替老板做决定，要引导老板说出你的决定。在老板面前，说"我决定如何如何"是最犯忌讳的。如果能这样说：老板，现在我们有三个选择，各有利弊。我个人认为甲方案比较可行，但我做不了主，您帮我做个决定行吗？老板听到这样的话，绝对会做个顺水人情，答应你的请求，这样岂不两全其美？

在现实生活中，我们经常可以见到这种情况：某人在工作中兢兢业业，埋头苦干，但却不喜欢说话，更不善于运用语言展示自己。这样，尽管他们尽其本分地拼命工作，甚至取得了相当大的成绩，但对一个管理很多员工的老板来说，这类员工做出的成绩却很容易被遗忘，甚至被抹杀。不仅如此，而且还容易使老板产生"不知他们在想些什么，真是摸不透"的感觉。不但自己吃亏，同时也让老板感到为难。现代社会生活步调加快，每个人的工作和生活都是紧张而忙碌的，谁都没有多少空闲和余力去打听和了解别人做了些什么或正在做什么以及准备去做什么。因此，如果你想让别人了解你，你就必须抓住适当的机会，将自己的想法和愿望主动地表达出来。

那种只顾埋头苦干，却从不善于表达自己思想的人，只能得到一个"老实人"的名声，而这对于他的发展没有多大的意义。对这样的"老实人"老板一般是不会轻易信赖的，更不用说得到老板的赏识和重用了。而有人虽然做的不是很多，但是每做一件事都搞得有声有色，引来老板的赞赏，同事的羡慕，加薪等好事自然是尾随而至。造成如此迥然不同境遇的关键是，前一类人的成绩没有被老板看在眼里，记在心里。要想让老板注意到你的成绩，首先就要明白老板对你工作的要求，正所谓力要用在刀口上。道理人人都懂，真要轮到自己，是否能清醒对待呢？被动等老板提要求的人占了大多数。主动和老板沟通，了解想法，这样才能事半功倍，避免很多"无用功"。

其实这是一个等待与主动争取的问题，**不要指望老板有时间和每一名员工进行沟通，这是不现实的。老板不可能对每件事、每个人了如指掌，如果你想在公司有所发展，消极等待与默默工作都是不可取的，努力找机会让老板明白你的想法，知道你工作的成果，才是积极的做法。**在前美国通用电气集团CEO杰克·韦尔奇看来，主动和头儿进行交流是员工必修的功课。这样做，可以直截了当地让头儿知道你在干什么，进展如何，你的努力给企业带来了什么等等。这些关系到你的绩效考核，关系到你职位的提升，切记应主动和领导交流。

在与老板沟通之前，我们需要知道老板心里是怎么想的。因为不管是何种老板，面对面交流是最容易的方法。其次，对于不同性格的老板，贵在坦诚。每个人在评价自己的时候总是会刻意或下意识地回避自己的错误和弱点，但客观和坦诚是我们必须做到的。那样与老板的交流才是完整而有效的，老板也才能真正了解到你的问题和你需要的帮助，当然还有你的成绩。对于一个偏重结果的老板而言，一个冗长的实施过程汇报是令人生厌的，只要点出几个重点即可。

　　作为老板来说，判断其员工是否尊重他的一个很重要的因素就是员工是否经常向他请示汇报工作。心胸宽广的老板对于员工因懒于或因忽视而不经常向其汇报工作也许不太计较。老板会好心地认为，也许是工作太忙，没有时间汇报；也许本身就是他们职责内的事，没必要汇报；或者是我这段时间心情不好，表现在言谈举止上，他们怕来汇报等等。但对于心胸狭窄、疑心重重的老板来说，如果出现这种情况，他就会作出各种猜测：是不是这些员工看不起我啦？是不是这些员工不买我的账啦？是不是这些员工联合起来架空我啦？一旦有了这种想法，他就会利用手中的权力来"捍卫"自己的"尊严"，从而做出对员工不利的举动来。

　　其实，勤于向老板汇报工作是一件非常容易做到的事。只要你在完成任务时，经常向老板汇报自己的工作进程或遇到的情况，老板就不会因此而对你产生过多怀疑，也不会认为你不尊重他了。如果你的老板是个上了年纪的人，非常严肃呆板，不苟言笑，沉稳而又冷峻，那么你接近他的办法只有一个，这就是多请示，勤汇报。这样，既满足了老板希望员工尊重他的心愿，又表现了你的谦恭和忠诚，还增加了你和老板沟通交流的机会。人与人的交往，在某种程度上是品德的交往，你忠诚正直，一定会打动对方的。这样一来，你与老板的关系就会逐步得到改善，并日渐亲密起来，这对你以后发展的促进作用是不言而喻的。

如果你能力超群，会说也会做，但是却始终不能得到老板的信赖，那么你应该及时、主动地与老板进行交流，让老板了解你的思想，熟悉你的工作，这样他就不会继续对你百般猜疑了。而勤于向老板汇报你的工作，是你成功实现工作目标，有效获取老板信赖的重要途径，也是你与老板充分交流的重要方法。你与老板进行沟通和相处时一定要掌握这一要领，并且要想办法灵活运用这一要领。时代在进步，老板也在改变。

第十一篇　陪你最久的人

同事关系是最重要的人际关系，他们陪你的时间最长，决定了你的职场生活质量。和他们打交道要宽容，不要因为你的敌人烧伤你自己，"得饶人处且饶人"。遇到不满要有效地抱怨，重要的是少说一些，更多地去倾听，你会拥有更多。

同事关系是最重要的人际关系，他们陪你的时间最长，决定了你的职场生活质量。和他们打交道要宽容，不要因为你的敌人烧伤你自己，"得饶人处且饶人"。遇到不满要有效地抱怨，重要的是少说一些，更多地去倾听，你会拥有更多。

　　假如以每个人每天工作8小时来计算的话，人们从参加工作到正式退休，差不多有1/3的时间都在跟同事相处。所以**同事关系对于一个人来讲是最重要的人际关系，他们陪你的时间最长，超过了家人和朋友，搞好与他们的关系很大程度上决定了你的职场生活质量。**新到一个公司，你首先要做的就是在最短的时间内融入这个集体，避免受到排挤和孤立。如果你是一位已经置身职场的人士，对搞好同事关系的"游戏规则"就要有更多的了解，才能与他们和谐相处，并从中享受到融入集体所带来的好处和乐趣。

　　融入新集体，进入一个新的角色，这也是对自己的一个挑战。俗话说，"林子大了，什么鸟都有"，职场里也是什么人都有，要学会与具有这种个性的职场老手"过招"。你的公司里有没有这样一种人：你不见得跟他有什么利害冲突，可是他就是对你恶言相向；或者他就爱欺负新人，你刚进公司的时候，受尽了他的挤兑；或者他很计较，万一你们之间有了竞争，那你就休想过安生日子，他会想尽一切方法，不达目的誓不罢休，即便两败俱伤也在所不惜……虽然他们不会对你拳脚相加，但大家都告诉你不要理他，可在一间办公室里，低头不见抬头见，你难免还是要和他接触，怎么应付呢？

　　问题的关键还是要具体情况具体分析，有人"个性"过头，说话口无遮拦，让人生厌，但这种人未必是看不惯你一个人。凡是新来的人，他们都要排挤一下，以显示自己在这个环境中的主要地位。一旦时间长了，你完全融入这个圈子了，他们就会转移目标，去挤兑新人。这种人并不是真正意义上的恶人，如果他们不是太过火，大可不必理睬，但是适当的时候，你也可以反击，因为他们一般都欺软怕硬。

有的人最喜欢探听他人的隐私，他们以制造、传播谣言为乐，充其量只是个小人，所以不用如临大敌。对付这种人最好的办法就是敬而远之。对于一般的谣言，记住"清者自清，浊者自浊"；对于过分的谣言，完全可以将造谣者告上"公堂"。

有些人处处要显得比别人优越，你说什么他都要插嘴，每一件事他都要证明他知道得比你多。这样做的原因是因为他们有无法排解的虚荣心，或者是隐藏得很深的自卑。他们实在是不值得你生气。

工作久了，常听到有些人感叹道：我也知道我的同事没有大的恶意，但有时候确实讨厌。单位新来的异性同事，出于好心帮她（他）带个中饭什么的，留把雨伞之类的事，本是很正常的同事关系。可闲言碎语竟然就在不知不觉中流淌开来了，害得我被领导找去训斥，让我注意影响，弄得整个公司沸沸扬扬。真觉得周围没一个好人，想报复他们却又无从下手！

莎士比亚有句名言：不要因为你的敌人而燃起一把怒火，热得烧伤你自己。

在美国历史上，恐怕再没有谁受到的责难、怨恨和陷害比林肯多了。但是林肯却从来不以他自己的好恶来评判别人。如果有什么任务待做，他也会想到他的敌人可以做得像别人一样好。如果一个以前曾经羞辱过他的人，或者是对他个人有不敬的人，却是某个位置的最佳人选，林肯还是会让他去担任那个职务，就像他会派他的朋友去做这件事一样……而且，他也从来没有因为某人是他的敌人，或者因为他不喜欢某个人，而解除那个人的职务。很多被林肯委以重任的人，以前都曾批评或是羞辱过他，但林肯相信"没有人会因为他做了什么而被歌颂，或者因为他做了什么或没有做什么而被废黜。"因为所有的人都受条件、环境、教育、生活习惯和遗传的影响，使他们成为现在这个样子。

美国《生活》杂志曾经阐述了报复怎样伤害一个人的健康："高血压患者最主要的特征就是容易愤慨，愤怒不止的话，长期性的高血压和心脏病就会随之而来。"难怪连耶稣都告诫人们要"爱你的仇人"。看来不只是一种道德上的教训，而且也是在宣扬一种 20 世纪的医学。他是在教导我们怎样避免高血压、心脏病、胃溃疡和许多其他的疾病。

林肯的以德报怨不仅没有使他被人嘲笑为软弱可欺，反而得到了更多的人的拥戴，包括那些曾经强烈反对过他的对手和敌人，也因此更加彪炳青史。我们也许不能像圣人那样去爱我们周围给我们带来困扰的人，可是为了我们自己的健康和快乐，我们至少要原谅他们、忘记他们，这样做实在是很聪明的举动。

即使我们实在难以去爱一个仇人和对手，但却总不能不去爱自己；我们要使仇人不能控制我们的快乐、我们的健康、我们的外表。对于每天都付出八小时甚至更长的时间呆在其中的办公室，不同的人有不同的印象。有人形容它为"人间地狱"，有人则视它为实现理想的地方，当然也有人把它当作一个社会的缩影，一切奸诈欺哄，互相倾轧，在办公室里司空见惯。就以与同事的关系来说，如果你要认真地计较的话，每天你随便也可以找到四五件生气的事情。如：被人诬害、同事犯错连累他人、受人冷言讥讽等等，有人不便即时发作，便暗自把这些事情记在心里，伺机报复，但这种仇恨心理，不单无法损害对方分毫，更会影响自己的情绪，自食其果。

不管同事怎样冒犯你，或者你们之间产生什么矛盾，总之"得饶人处且饶人"。多一事，不如少一事。凡事能够忍让一点，日后你有什么行为差错，同事也不会做得太过分，逼你走向绝境。至于如何才能培养出这种豁达的情操呢，让心思意念集中在一些美好的事情上，如：对方的优点，你在集体里所取得的成就等。

我刚参加工作时在一家贸易公司做业务员，坐在身边的是一位同龄人，只是比我进公司早了一年多。由于工作不久，我有些业务上的东西不熟悉，有时也会向那个同事请教。后来才知道每当我工作出现遗漏的时候，那个同事就背地里给上司打小报告，不但不放过工作当中出现的事情，就连平时我用单位电话跟客户多聊了两句，她也会不失时机地向上司反映，可见这些事她没少干。当时简直恨透了她，多年以后回忆起来倒也没有太多的介怀，只觉得这类人的深层需要是满足心理上的平衡，一方面他们会认为自己是有理的，把别人或其他事情的错误报告上司是正确的做法，是为了公司好；还有可能是有些报复的心理，自己感觉受到别人触犯的时候，会通过其他的方式进行报复。**对付之道只能是加强自己的学习和能力建设，在工作中更加自律、仔细、认真，力求以高标准要求自己，以避免被人打小报告。**

　　雨果说："世界上最宽广的是海洋，比海洋更广阔的是天空，比天空更广阔的，是人类的心灵。"人如果真的能拥有广阔的心灵，那么人们彼此之间的交流将会变得多么美好和和谐。然而在职场上，一些人的心胸远没有海洋广阔。作为新人积极表现为自己赢得了领导的信任的同时，也容易招来某些素质不高的同事嫉妒，比如某些元老总是处处挑你的毛病，他所在的小圈子里的人都陆续开始排斥你，这时候除分析自身的问题外，还应和其他同事多沟通，求同存异。自己的能力既已得到领导和同事的认可和信任，就应从协作上和同事多交流多沟通，善于和团队中不和睦的人相处，不光独立工作能力强，还要倡导团队精神。这样会赢得他们的尊敬。当然你的努力不是无限制的，必要的时候你应该表达出你的不满来。

　　会哭的孩子有奶吃。很多情况下，挑剔和难伺候的人的抱怨往往会得到优先处理，而宽容却会被视作理所当然。其实，会哭的孩子吃到了奶，不是因为他"哭"，而是因为他"会"哭。有策略地抱怨，而不是无休止地哭诉，才是完美抱怨的秘诀！先把本职干好，然后再和老板说"我不够受重视"，要求"更多的建议"。抱怨，是表达内心不满的一种态度。必须记住：**当我们表达不满时，目的并不是为了发泄不满，而是希望对方能有所改善！所以，要么不抱怨，一抱怨，就应该能让问题解决。抱怨最重要的原则，是只对能解决问题的人抱怨。逢人就抱怨，只是发泄情绪，而这只会招来厌烦。**

如果你怒气冲冲地找上司表示你对他的安排或做法不满，很可能把他也给惹火了。所以即使感到不公、不满、委屈，也应当尽量先使自己心平气和下来再说。也许你已积聚了许多不满的情绪，但不能在此时一股脑儿地抖落出来，而应该就事论事地谈问题。过于情绪化将无法清晰透彻地说明你的理由，而且还使得领导误以为，你是对他本人而不是对他的安排不满，如此你就应该另寻出路了。

人有时会很自然地改变自己的看法，但是如果有人当众说他错了，他会恼火，会更加固执己见，甚至会全心全意地去维护自己的看法。不是那种看法本身多么珍贵，而是他的自尊心受到了威胁。要多利用非正式场合，少使用正式场合，尽量与上司和同事私下交谈，避免公开提意见和表示不满。这样做不仅能给自己留有回旋余地，即使提出的意见不合理，也不会有损自己的形象，还有利于维护上司的尊严，不至于使别人陷入被动和难堪。

找上级阐明自己的不同意见时，先向秘书了解一下这位头头的心情如何是很重要的。上司和同事正烦时，你去找他抱怨，岂不是给他烦中添烦、火上浇油吗？即使你的抱怨很正当和合理，别人也会对你反感、排斥。让同事听见你抱怨领导其实并不好。如果失误在上司，同事对此都不好表态，怎能安慰你呢？如果是你自己造成的，他们也不忍心再说你的不是。眼看你与上司的关系陷入僵局，一些同事为了避嫌，反而会疏远了你，使你变得孤立起来。更不好的是，那些别有居心的人可能把你的话，经过添枝加叶后反映到上司那儿，加深了你与上司之间的隔阂。

当你对领导和同事抱怨后，最好还能提出相应的建设性意见，来弱化对方可能产生的不愉快。当然，通常你所考虑的方法，领导也往往考虑到了。因此，如果你不能提供一个即刻奏效的办法，至少应提出一些对解决问题有参考价值的看法。这样领导会真切地感受到你是在为他着想。对于大多数人来讲，别人通过一些事实证明自己错了是件很尴尬的事情。让上司在下属面前承认自己错了就更不容易，因此在抱怨后，你最好还能说些理解对方的话。切记，你抱怨的目的是帮助自己解决问题，而非让别人对你形成敌意。

即使你受到了极大的委屈，也不可把这些情绪带到工作中来。很多人认为自己是对的，等上司给自己一个"说法"。正常工作被打断了，影响了工作的进度，其他同事对你产生不满，更高一层的上司也会对你形成不好的印象，而上司更有理由说你是如何不对了。要改变这么多人对你的看法很难，今后的处境更为不妙。

在办公室里，同事每天见面的时间最长，谈话可能涉及到工作以外的各种事情，"讲错话"常常会给你带来不必要的麻烦。同事间的谈话，如何掌握分寸就成了人际沟通中不可忽视的一环。办公室不是互诉心事的场所，爱说话、性子直的人，喜欢向同事倾吐苦水，虽然这样的交谈富有人情味，能使你们之间变得友善，但是很少有人能够严守秘密。所以当个人危机发生时，你最好不要到处诉苦，不要把同事的"友善"和"友谊"混为一谈，以免成为办公室的注目焦点，也容易给老板造成问题员工的印象。同时记住办公室里最好不要辩论。有些人喜欢争论，一定要胜过别人才肯罢休。假如你实在爱好并擅长辩论，那么建议你最好把此项才华留在办公室外去发挥，否则，即使口头上胜过对方，其实损害了他的尊严，对方可能从此记恨在心，说不定有一天他就会还你以颜色。

当众炫耀只会招来嫉恨。有些人喜欢与人共享快乐，但涉及到你工作上的信息，譬如，即将争取到一位重要的客户，老板暗地里给你发了奖金等，最好不要拿出来向别人炫耀。只怕你在得意忘形之际，忘了有某些人眼睛已经发红。

我们生活中经常会碰到万事通式的人物，他们古今中外、天文地理无所不知，无所不晓，只要你提一个话头，他们就会口若悬河，滔滔不绝，一直聊到你哈欠连天，你也不见得有脱身的机会。试问，对这种人，你会有很多话吗？

对喜欢夸夸其谈的人，我们一般是不爱与其交流的——他既然什么都懂，当然不用我们再告诉他什么了。我们一般也不愿与这种人成为朋友，因为他们并不能让我们感到亲切。但愿我们不要成为这样的人。

在人际交往中，我们更需要做的还是去倾听。因为，只有认真地去倾听，才能使人感到我们对他们的尊重，使人感到我们是真正地关心他们；只有认真地去倾听，才能真正去了解他人，并在了解的基础上去帮助他人。

世界上有那么多的矛盾，生活中有那么多的烦恼，人际间隔阂重重，我们的社会太需要坦诚的沟通与交流了。然而，现实生活中，人们往往习惯于自说自话，很少有人跳出自己的圈子，站在别人立场上去设想，去思考。如果思想之间没有桥梁，如果情感之间没有纽带，如果原本同一的理念却因阻隔而变得陌生，那么人际间的关系就不可能得到真正的发展。

现代社会，竞争日趋激烈，人们方方面面承受的压力也越来越大。很多人，他们内心的烦恼都需要倾诉，但是，他们找不到倾诉的对象。如果这时我们去做一个聆听者，不仅将会成为他们的朋友，还会丰富我们对这个世界的感受，也就丰富了我们的人生。

少说一些，更多地去倾听，那样你会拥有更多的朋友和更广阔的生活。此外，你关心别人，也必然会得到别人的关怀，在你需要听众的时候，他们也会来跟你分享欢乐，分担忧愁。

第十二篇　所谓团队

在职场里除了要有能力，还要有善于与同事合作、形成团队的意识。龟兔合作就会无往不胜。嫉妒别人不能赢得友谊，要微笑地面对生活，友善地对待周围的同事。人总要生活在一定的集体之中，要想成为职场中的常青树，就必须去用心实践团队的精神。

在职场里除了要有能力，还要有善于与同事合作、形成团队的意识。龟兔合作就会无往不胜。嫉妒别人不能赢得友谊，要微笑地面对生活，友善地对待周围的同事。人总要生活在一定的集体之中，要想成为职场中的常青树，就必须去用心实践团队的精神。

乌龟与兔子的第三次比赛：团队就等于自己。话说自从上一次赛跑失败以后，兔子感觉到失望透顶。它很清楚，失败的主要原因就是因为自己太有信心、太过于轻视对手，还有太散漫了。如果它不这样，乌龟根本就不可能打败它。因此它想与乌龟再来一场比赛，乌龟也同意了。这一次，兔子全力以赴，从头到尾，一口气跑完了全程，领先乌龟好几公里。这一下该轮到乌龟好好地反思了。它自己也很清楚：如果照目前的比赛方式，它根本就不可能打败兔子。想了一会儿，乌龟提出了要再来一场比赛，但是要在另一条路线上。兔子也同意了。然后乌龟和兔子同时出发了。为了坚持自己的承诺，兔子飞驰而出，急速地奔跑着，直到它碰到了一条又宽又深的河流，而河的对岸才是比赛的终点。兔子呆呆地坐在那里，一时不知应该怎么办才好。就在这个时候乌龟却一路姗姗而来，只见它跳入河中，一会就游到了河的对岸，继续爬行，胜利地完成了比赛。这下兔子和乌龟成了惺惺相惜的好朋友。它们决定再来一次比赛，但这次是团队合作。它们一起出发，这一次可是兔子扛着乌龟，一直到了河边。在那条河里，乌龟背着兔子过河。到了河的对岸，兔子再次把乌龟扛起来。两个一起抵达终点。比起前一次的比赛，它们都有了一种更大的成就感。

这说的就是团队精神，实际上以前我们叫做集体精神，实质都一样，都强调分工合作，实现共同的目标和利益。虽然人际关系的丛林，就像魔法学校里的迷局，不明就里的人觉得牵丝攀藤，步步危机。**而职场里的聪明巫师，必须心明眼亮，为人诚恳，富有能力，还有善于与同事合作、形成团队的意识。**

公司里会有些弄权的"小人物"，比如司机仗着自己会溜须拍马讨老总喜

欢,天天把自己搞得像领导一样。上班就是一张报纸一杯茶,看完报纸必跑去车间或办公室逐一"检查",见到一点风吹草动,就到老板那里打小报告。还比如给所有人叫盒饭、独独漏了你那一份的前台;以"格式不对"为由,叫你反复粘贴报销单据的出纳;每次领文具都要你陈述理由半小时的保管员……他们职位不高,却有足够的"杀伤力"。你可以抱怨,但有时候你也该想想,他们为什么独独刁难你一个?如果将一个同事视作"小人物",你难免会在言行举止上透露出令人不舒服的信息。换作你,会怎样?**从来没有解决不了的问题,缺的只是沟通的勇气、耐心和能力。对待他们最好的办法就是对事不对人,保持一颗体谅的平常心。**

有的新来的"当红炸子鸡"明明没什么实际经验,光凭一条三寸不烂之舌,就能说得老板中了邪一样动心。薪水痛痛快快地给,工作让他放手干,老实不客气地频频发言,俨然是未来部门经理。妒忌与羡慕,都不会有助于改善你的处境。比较好的方式是仔细观察。如果他们受宠,是因为他们能补足公司目前的需求,你就该考虑自己那套是不是已经跟不上形势了?而一个对老板有影响力的人,通常也是在人际沟通技巧上颇有一套的人。这么明显的优点,你就不能见贤思齐?不过任何人与老板的蜜月期终究不是永远的。刻意讨好一个,却会得罪大片同事。面对这样的同事,一定要以平常心,去建立良性合作。

一家设计公司的老总很赏识一位才女的才气,于是她很顺利地来这家公司做创意。才华横溢并不等于在职场上能游刃自如。由于老总常常夸她有才气,引起了女同事们的不快与妒忌。才女的个性是:不到万不得已,绝不轻易向别人求助。由于她对电脑技术不是很了解,遇到一个网页设计问题,就只好去问信息主管,谁都知道行业里的技术人人都是捂得紧紧的,即使是很简单的问题。才女看到他不是很乐意的样子,赌气跑到隔壁办公室去叫技术总监。总监一看是很简单的技术问题，周围有同事不问，却偏偏跑来问他，立即对这位才女有了人际关系不好的印象。

有一次总监不在，才女只好硬着头皮问主管，主管不耐烦地说又怎么了，才女自尊心受到打击，于是心里暗暗发誓再也不问他了。后来幸好技术部又来了一名男同事，她于是天天跑到隔壁叫新同事，久而久之，这样舍近求远的做法使同事间的关系日益冷若冰霜，也令上司有了看法。才子才女们的特点就是心高气傲，不喜欢讨好人，特立独行，有超然的个性与非凡的智慧。可是职场不是学校，不可以自由挥洒个性，职场讲究的是团队精神和协调合作。谁不喜欢热情主动，喜欢被人捧，被人赞呢？其实要和主管搞好关系并不难，只要她愿意套套近乎，或者干脆请他出来喝茶或吃饭，真诚表明自己的意见即可。

前文说过，企业与学校的最大不同在于，学校的所有规则都印在学生守则里，而企业的潜规则是约定俗成的。如果你没有意识到和把握住，对职业生涯的影响是致命的。同事之间是合作互利的关系，相互之间是互补的，要做好一个项目，最重要的是部门和部门之间的合作。同事有些事情不能直截了当地对你讲，但他们的行动却可以反映出来。

有的人能力出众，为了突出自己的能力，不仅把自己的工作做好，还处处帮助同事。结果同事们反而个个都疏远他，主管也时常刁难他，在他们眼里，这种人"锋芒毕露、争强好胜，看似帮助同事，实则在为自己的功劳簿上添功"。有种说法是："他这个人虽然没有害人之心，但太过于表现自己了，总把别人看成自己的竞争对手，而想方设法压倒别人，特别是有领导在场的时候他更这样。""欲速则不达"、过犹不及，处处锋芒毕露只能引起同事的反感。而正确的做法是，帮助同事要有诚心，表现能力要不愠不火。

我曾经去过一家公司工作，那家公司的气氛十分凝重。我去的第一天，除了我的上司交代了我一些工作外，没有任何人理我。开始我还以为由于自己刚来，大家比较生疏，但后来发现，那些老的员工之间也很少交流，大家都埋头默默地做着自己的事，仿佛根本就没有别人存在。记得有一次，公司丢了一份很重要的文件，问遍了所有的人，没有一个人出来承认。

在那家公司做了没多久，我就离开了。我走的前后，还有几个人离开。大家虽然都没有说明理由，但显然这家公司并不招人喜欢。那家公司后来的情况我也不了解了，可我相信，如果始终保持这种状况，它肯定好不到哪里去。

作为一个公司来说，全体员工的工作应该是一个整体，不是每个人做好了自己的工作就万事大吉了。**公司的大量工作是应该在相互协调中来完成的，也是在协调中来完善的。如果谁也不管别人的事情，谁也不提自己工作以外的问题，那就是真正的危机了。事实上，那些所谓别人的事情，也应该是每个人工作的一部分。**

团队精神如今已经成为老板的口头禅了，而实际情况并不乐观，在形式上大家都穿一样的制服，说话都很有团队意识，但心里却是另外的想法。老板会说："希望大家把公司当做自己的，因为公司的利益与个人利益是紧密相关的，只有公司赚钱了，个人才有收获。"这句话听起来很动听，却显得一厢情愿，每个员工不可能在其内心把别人的公司当成自己的，他们很清楚谁是老板。

知道外企公司为什么会那么热衷于"团队精神"的宣扬吗？那是因为大家不团结，彼此争名夺利，忘记了是一个集体。所以，才有必要特别提出一个口号来。越大的公司喊的嗓门就越高。比如高科技公司里技术部和市场部容易成为一对冤家。原因很简单，谁都怕产品销路不好会归罪到自己的头上。技术部设计出的产品卖得不好，觉得是市场开发不到位导致的，但市场部却说是因为设计有缺陷，不能符合市场需要，最终使产品滞销。有利有功争得头破血流。有了问题，相互提防，互相推委，甚至是恶语相加。

有一家银行，其管理者特别放权给自己的中层雇员，一个月尽管去花钱营销。有人担心那些人会乱花钱，可事实上，员工并没有乱花钱，反而维护了许多客户，其业绩成为业内的一面旗帜。相比之下，有些管理者，把钱看得很严，生怕别人乱花钱，自己却大手大脚，结果员工在暗中又想尽一切办法谋一己私利。还有一家经营高档建筑材料的合资企业，总经理的办公室跟普通员工的一样，都在一个开放的大厅中，每个普通雇员站起来都能看见总经理在做什么。员工出去购买日常办公用品时，除了正常报销之外，公司还额外付给一些辛苦费，这个举措杜绝了员工弄虚做假的心思。在这里我们可以体会到公司对员工情感上的信任是何等重要。

我们还可以常见的是有人以为自己学历高，能力强，在工作中时常表现得很张扬，结果招致众人一致的嫉妒。同事之间难免存在着各种各样的利害关系，也极容易产生嫉妒心理，这是很正常的，但要妥善处理。三国时周瑜和诸葛亮就是这样，周瑜气量狭小，以至于临死时还发出了"既生瑜何生亮"的感慨。所以，当你看到了同事的成就而心生嫉妒时，不妨多想想同事在取得成功过程中所付出的心血和艰辛劳动，再把它和自己的努力比一比，这样一来你就会心平气和些，你就能把消极的嫉妒同事转变为佩服同事了。**在现实生活中，很多心胸狭小的人总会以损伤他人的自尊来求得自己心理上的安慰和平衡，可结果往往是两败俱伤，双方不仅都不能赢得友谊，还会反目成仇。**

面对自己的不利情形，我们为什么不微笑地面对生活，友善地对待周围同事呢？在现实生活中，有的人并没有把重要的精力都用在工作上，而是用在了计算同事上。**任何事都是一把双刃剑，你这样做的次数越多，所受到的伤害就越大。结果使得你与同事的关系越来越复杂，那时你的工作效率怎么能不降低呢？因此，坚持多干事，少嫉妒和算计别人，是处理同事关系的重要原则。**

我们都很熟悉这样一个团队——《西游记》里去西天取经的团队。这个由四个人组成的团队，之所以能成功取得真经，正是因为他们坚定的团队精神。

唐僧平日虽表面看起来不怎么"干活"，却是这个团队的精神领袖。他坚定的取经信念令人敬佩。他心中毫无杂念，只知一心取得真经，为团队确定了一个清晰、坚定的目标。孙悟空武艺超群，加之又机灵古怪，奇招百出，不论碰上任何妖魔，只要他一出马，肯定能扫除。他诚心护着唐僧去取得真经，虽然有时也会"聪明反被聪明误"，也绝对是这支队伍里的精英。猪八戒，肥头大耳，是个典型的好吃懒做、崇尚享乐主义的人物。此人虽然缺乏坚定的取经信念，一遇到困难就要嚷着散伙、分行李，却也还算个不错的"公关人才"。他深谙人事关系，在取经过程中，也还是有一定贡献的。沙悟净和尚，未免有些庸碌迟钝，没有突出的个性，一切都听师傅的安排，但其任劳任怨的本性和一心保护师傅取经的行动，也是令人感动的。取经过程中，要是少了他，也是不行的。唐僧、孙悟空、猪八戒，无论是谁，都不可能也不会愿意担上这么多行李，走上十万八千里路吧？

　　所以说，这四人取经团队，无论少了哪一个人，都不可能成功。

　　人都不是完全独立的，总要生活在一定的集体之中：从一个班组到一个跨国大企业，从一个小家庭到一个广袤的国家，**不管这个集体有多大或有多小，若想在集体中生活得快乐，达到集体共同的目标，都需要一种团队的精神，一种合理的协作关系。就职场而言，更是如此。**一个企业里总会或多或少地存在着类似唐僧的领头人物，孙悟空似的精英人才，还有类似猪悟能的"公关人才"和像沙悟净一样的普通人。他们四个人之所以能突破重重阻力，取得真经，完全在于心往一处看，劲往一处使、合理的分工和必胜的信念。

　　不管你有没有领导才干，不论你有没有过人的专长，即使你仅仅是一名平凡得不能再平凡的小职员，你也是团队的一分子，也对企业的建设起着作用。团队精神是战胜一切困难、实现团队目标的法宝。

　　无论是职场中，还是生活里，即使拥有多方面优越的内外环境和资源，但你若想长期保持职业生涯的辉煌，只有一种方法最奏效，这就是你经常能够给你周围的人和知道你的人带来快乐，你偶尔还会给他们带来意想不到的惊喜。当你因业绩优秀或表现出色而获得嘉奖时，不要贪功独占，你应该由衷地认为这是你的团队紧密合作的结果，你是在大家的协助和亲人的默默支持下才取得的，你要真诚地与你的伙伴分享成功的喜悦，让他们与你共同感受快乐。这样，当你获得荣耀时，你的团队和你的朋友均会发自内心地以你为荣，并与你共享，你想这是何等美妙的感觉。

每一位职场中人，都有自己独特的优势和固有的劣势，而事实上它们并不是一成不变的，这主要取决于你后天的自我打造和历练。职场成功人士与平庸之人，最大的不同就在于打造和历练自身的过程，使用了不同的价值取向和人生态度。如果你愿意成为职场中的常青树，就必须去用心实践团队的精神。

第十三篇　成功的因素

成功就意味着心血的付出和艰辛的生活，对谁而言都一样。职业生涯就像我们面对的一级级台阶。要想成功必须具备很多因素，要有自我挑战的习惯，要独立思考，要有面对困难和失败的勇气，还必须具备坚忍的精神。无论是做老板还是做经理人都应该如此。

成功就意味着心血的付出和艰辛的生活，对谁而言都一样。职业生涯就像我们面对的一级级台阶。要想成功必须具备很多因素，要有自我挑战的习惯，要独立思考，要有面对困难和失败的勇气，还必须具备坚忍的精神。无论是做老板还是做经理人都应该如此。

　　如何才能成功？这意味着什么？**亿万富翁与普通职场人士标准不一，道路不同，但有同样的心血付出和艰辛。**渴望成功的人不妨想像，自己有没有他们那样的勇气、决心、牺牲和意志？如果没有，怎样去弥补？

　　商场如逆水行舟，不进则退。刘永好的例子较具意义。从小刘永好就受尽无穷的磨难，但是那些磨难并没有减掉他那好胜的意志，相反他有了一颗永远也不会满足现状、顽强向上的进取之心。1982 年刘永好劝说三个哥哥，一起毅然地放弃了工作和城市生活，来到了偏僻的四川农村，开始他酝酿了已久的致富计划。1000 元的资本决定了他们只有从小本经营起步。种番茄，养鸡，孵抱雏鸡。后来孵雏鸡的人越来越多了，他们又把经营良种鸡改为养殖鹌鹑。到 1986 年的时候，原始基金已经累计到了 1000 多万元，养殖场已成为全国最大的鹌鹑养殖基地，并且将企业改名为希望公司。就在鹌鹑养殖日渐红火的时候，刘永好冷静地分析了一下：当有 10 家企业来与他共同瓜分额定地域市场的时候，他就再也没有办法来保持原有的利润。在这个时候，谁能创立新的项目，谁就能拥有新的市场。养殖不能没有饲料，何不转做生产饲料？

　　1988 年，四兄弟放弃了曾经给他们创造了巨额财富的鹌鹑养殖业，在各方的惊叹和关注中投资兴建了西南最大的饲料研究所——希望研究所。经过两年的奋斗，希望研究所成功地研制出"希望牌"一号饲料，一炮打响。当希望公司取得了阶段性成功的时候，刘永好还是没有满足现状，而是不断地寻找更大的发展。他把目光又停留在了那些常年亏损、产品销量不好的国有企业上。随着他的思考程度越来越深，他想如果能将国有企业与民营企业的优势合在一起，可能会产生 1+1＞2 的神奇效果。1993 年刘永好接收了一家连续亏损了 5 年的国营浓缩饲料厂。正式投入生产的第一天，销售额就达 108 万元人民币。从此希望集团开始为社会各界所知。

再后来希望集团内部进行了分区管理，1997 年成立"新希望集团"。1998 年，刘永好在新希望集团的发展战略上，第一次郑重地提出了新希望要进行"适度多元化"的发展方针。1998 年新希望农业股份有限公司在深交所挂牌上市，1999 年收购了中国惟一的民营商业银行——民生银行股权。在新世纪里公司还走出国门，在国外建立饲料厂、在国内投资房地产业和生化产业，一举一动都备受媒体和社会关注。从辞去令人羡慕的工作去乡下"孵鸡"，到杀鹌鹑转为生产饲料、收购国有企业，再到改机制，适度多元化，每一次的转折都有人说他是个疯子，但是每一次的转折后，都有人说他真是绝了。一个门面养活两三代的日子已经过去了，刘永好始终在逆水行舟中不断地前进，从成功走向更大的成功。

职业就像我们生活的台阶，我们需要在不同的时段站在不同的位置和高度。它已经不是毕业时的一锤定音，也不是郁闷难耐时的频频跳槽，它需要终生的策划。要想成功，有些重要的因素不能不提。

突破现状。上班族面对每天的工作，总是会渐渐形成一种习惯，从好的一方面来说，这表示我们对工作逐渐上手、越来越熟练了，碰到各种状况都知道应该如何去处理；但是从另一个角度来看，如果我们每天面对每一个状况，都是用同一种思考模式、同一种方式来处理，很可能我们会成为整个团队往前迈进的障碍。

所以，**我们应该建立自我挑战的习惯，常常自我挑战，别人还没有要求你改变，你自己就已经在那里求新求变了。**有位职员回忆：有一个下午，我们部门开会，主管给每个员工分配完任务，一家公司突然给我们来电话说要洽谈一桩紧急业务。主管扫视着我们。我暗暗感到犯错误的机会来了，心跳突然加速。我想假如我打破沉默，可能会让同事们讥笑我不自量力，而且洽谈失败所造成的损失足以让我滚蛋。但我又隐约感觉到我如果不冒一次险，我将丧失更多的机会。于是我霍地站了起来，"可以让我试试吗？"当时主管愣了一下，幸运的是他没有否决，只交代一句"主动一些"。那次的洽谈并没有一次性地成功，但其实我在心里一直欣赏自己那次把握住了机会，因为就在站起的一刹那，犯错的勇气给了我一些支持，一次契机，甚至是一场意料不到的转折。我开始明白，假如你作出决定，你就可能犯错误，但是如果你想坚持不犯错误，唯唯诺诺地盲从，你就只能坠入"追随者"的行列，那才是真正的错误。

追求卓越。卓越的领导很多都是通过后天的努力才获得成功的，而他们追求卓越的过程，即使不是领导者的人也都可参考。一个人应该有勇气追求卓越，不随便妥协，也不随便放弃，不过分自傲，对事务非常执著。

与众不同的勇气。与众不同，即能独立思考与判断，不人云亦云，不盲信盲从，更不要哗众取宠，不能为了讨好上司、老板、同事而放弃原则或失去立场，更不能不顾真理和正义。**我们如果总是选择没有声音、没有意见，选择不问青红皂白、只站在人多或权力比较大的那一边，的确比较容易过日子，但是尽管短时间内会让你日子比较好过，却会让你在未来陷入更大的困境。**

原谅别人。在工作上，不论是与同事之间或与客户之间，总会有不愉快的事。当不愉快的事情发生后，又往往不见得能够有机会、有时间好好去处理，于是多数人只好把这些不愉快放在心里面，而且总是忘不了，久而久之，我们的工作就变得很不快乐。

但原谅别人说起来很容易、真要做起来却很困难。通常我们会面临需要原谅别人的状况，就是说那些得罪过我的人、如今落在我手里了。这时候，我是趁机好好报复他呢，还是不计前嫌、真心去帮助他？**因为我们累积了太多的伤**

心往事在内心深处，潜意识里已经深埋着对这个人的怨恨。原谅他们真的需要极大的勇气和胸襟，说到底，有这种勇气的人最后往往也是朋友最多的人，绝不会是不划算的。

在北京，风格另类而且十分前卫的 SOHO 现代城地产项目，曾经出现过夜间排队领号购买的热烈场面，创下了北京楼盘销售量的最高纪录，并且获得了 1998 年"首都建筑艺术创作优秀设计方案"的一等奖。虽然现代城在市场上的反应非常的火，但是在业内很多同行借助媒体，不断地批判 SOHO 中国有限公司董事长潘石屹所提倡的"SOHO"的概念。没有过多久，针对来自四面八方的批判，一本名为《投诉潘石屹，批判现代城》的书出版了。这是潘石屹自己骂自己的一本装帧很酷的书，这本书里集中了几乎所有针对 SOHO 现代城最直接、最凶猛甚至最刻薄的批判。例如 SOHO 非男非女的怪胎，SOHO 不是时尚，SOHO 是误导市场。

潘石屹自己说，做这本书就是要超越是非的概念，超出是非的纠缠。《投诉潘石屹，批判现代城》就是要成为这样的一个容器，和大家共同探索怎么才能把房子建造好。这本书不但使现代城的名声更响，而且也使潘石屹极具个性、极具思考特性的一面展现出来，个人的品牌形象，还有产品品牌的形象融为了一体，反而引起了大众的同情、尊敬、向往。每个人都希望能得到赞扬和认同，每个人都在躲避挨骂的机会，而潘石屹却反其道而行之，创出了"越轨名扬"的奇迹高招：借骂打骂。这意味着把事物的本质把握好，从表象中看出隐藏在背后的机会。在于摒弃了"批判就是坏事"的逻辑，而利用了"新闻"还有"宽容"的力量以赢得关注，以利于自我发展。

面对困难和失败的勇气。我们在日常工作中，难免会遭遇种种困难，或者是人际关系上的困难，或者是制度上的障碍（譬如说某些法令的规定、公司或单位内部规章的限制，让你的事情办不通），又或者是资源不足，或者是你的专业能力欠缺等等，种种主客观的困难会横在你面前。最让上班族气馁的是，往往越是在这种时候，越没有人会伸出援手，连最应该替你出面的主管，也很可能选择袖手旁观。

我们需要有自行面对困难并设法克服困难的勇气，俗语说天助自助者，当我们愿意一个人自己设法去克服困难的时候，事情也往往就会出现转机。

海洋学家做过一个实验，将一只凶猛的鲨鱼和一群热带鱼放在同一个池子，用玻璃隔开。最初鲨鱼每天不断冲撞玻璃，无奈只是徒劳，它始终不能过到对面去，它试了每个角落，每天都是用尽全力，但每次它总是弄得伤痕累累。后来，鲨鱼不再冲撞那块玻璃了，对那些斑斓的热带鱼也不再在意，好像它们只是墙上会动的壁画，它开始等着每天固定会出现的鲫鱼。实验到了最后阶段，实验人员将玻璃取走，但鲨鱼却没有反应，每天仍是在固定的区域游着，它对那些热带鱼视若无睹，说什么也不愿再过去。人，有时也会和鲨鱼一样，犯类似的错误。所谓"一朝被蛇咬，十年怕井绳"，刚开始做一件事时，也许并不缺少热情，可一旦遭遇失败与挫折，往往就认为自己是无法成功的，而且过去失败的印象总在眼前晃动。把本是唾手可得的成果，以及放在面前的机遇一次次错过。仔细研究一下历代的伟人，就可明白，伟人之所以伟大，在于他百折不挠的精神，在于他勇于尝试，敢于失败，一次次地碰壁也绝不回头的毅力和胆魄。爱迪生发明电灯前，不也经历了上万次的失败，方才成功的吗？**经得起失败和挫折，敢于不断地尝试，那么成功对于你，无非是时间问题罢了。**

勤于学习。在工作上有许多可以学习的机会，因此有的人可以单单因为工作上所累积（与学习）的经验，就成为出类拔萃的顶尖好手，可是同样的工作、同样的年资，却有更多的人表现平平，其差别就在于"勤"否。"勤"代表我们的主动、自动、自发、积极与努力不懈。除了要"勤"之外，还得要有勇气。这种勇气是指一种选择了一条与别人不同的道路，宁愿孤独也不放弃的勇气。

坚持下去。职场人士在工作上还必须具备能坚持下去的坚忍精神。**可能我们的确曾经为了理想而无怨无悔，不过久而久之我们还是妥协了，或者是干脆放弃算了，于是我们就永远没有成功。**所以能坚持下去的精神就显得相当珍贵。

在一位北京广告界女士的身上，已经找不到西部山区的影子。用她自己的话说：是丑小鸭变天鹅了。当年初来北京她还不能用流利的普通话表达，跟生人讲话都会心生紧张。大学毕业后之所以流落北京是因为期望实现自己的梦想。

生活是艰难的，她曾有过数次囊中羞涩的尴尬。记得有一次到一水果摊前打探价格，老板扫了一眼她的穿着，说：你买不起就别问了。那时她真想像电影上那样甩出一沓钱，朗声说：这一摊水果我全包了。但是，她没法那样潇洒，她的衣兜里仅揣着够买一箱方便面的钱。连续很多天都啃方便面，搬了数不清次数的家，初来北京那些年她各样苦都尝了一遍。

在一次人才交流会上她的简历被一家广告公司相中，从此进入了广告业。工作跟本行毫无关系，一开始只是负责广告数据的录入。身边穿梭的都是广告人，难免不被感染，很快她对广告业务也有了兴趣，遂向老板自荐，要求跑业务。恰好，有一个机会，老板把她派到了外地开拓市场。那是个冬天，山区孩子的特质得到了前所未有的发挥。一个月时间里，她乘火车、汽车，住廉价旅馆，打遍了当地大小企业的电话，跑了几十家，且每到一处都软磨硬泡一定想法儿见到老总。最终没有空手而归。试业成功，老板正式发给她通行证的时候，她却辞职了。原因是老板从国际广告公司里请来了几个合作者，见多识广、谈吐非凡的国际人让她眼界顿开。立志要做一个专业广告人。

那个春天，一大早她骑单车来到应聘的一家外企公司大门口，9 点准时坐进了大厅，等了 10 分钟，没见到来接待的老外；又等了 10 分钟还不见人。她想：都说老外特别守时，这家如此不守时，看来也不是什么好公司。于是站起来对秘书说：老板很忙，我也很忙，以后再约吧。说完就骑上破车走了。外籍老板这边很快打了电话追过去：明天上午 9 点准时约见。结果经过一番激烈的应聘竞争，她成功跳槽。虽然老板只给她上一家公司三分之一的薪水，但为了目标，为了更长远的发展，经过一个小时的考虑，她接受了。为了学技术，学国际游戏规则，权宜之计，她接受了这份低工资的工作，甘愿去啃方便面。

勤奋积累了实力，在这家公司三年里，她觉得自己不仅学到了最想学的如何做一个广告人，更加深刻地明白了既要做事也要做人的道理。为了梦想，这位女士夜以继日地加班，每天晚上都要工作到十一二点。长时间坐在空调房里，肩膀患了风湿，又痛又酸；因为工作压力大，她经常彻夜难眠，半夜爬起来写工作计划不是什么稀罕事。更恐怖的是每次洗头时大量脱发。还好，这些艰辛都有了补偿：开始正经实践自己学来的本领。工作卓有成效，有了成功案例，在北京广告业界有了名堂。

三年后，她被一家要求员工"又红又专"且在业界颇有实力的广告公司老板相中，拉到自己麾下。近十年里，她跳了四家公司，在这个领域里，她已经积累了相当成熟的经验，人品也久经考验。在老板的信任和支持下，2003 年她带了原公司两个人创建了一家以媒体计划和购买为特色的分公司，没想到业务发展之快出乎她的意料，人员迅速增加，公司迅速发展，就像每天都在签合同。她的工资由最初的每月 3000 元一点点涨到几万元，职务也在一级级上台阶，现在她率领 15 名员工，一年时间里，创出了 1.4 亿的收入。

从当年生人面前讲话都打哆嗦，到今天可以堂而皇之地出席各种大会作演讲，一年到头都在说服大大小小的客户，她的自身气质发生了翻天覆地的变化。要说体会她只说一句："金钱不是头等大事，保持努力上进永远是头等大事，只有不断进取，你才能够保持进步，不会被时代淘汰出局。"

每个有志于成功的人都会有所感悟，无论是做老板还是做职场经理人，你要想成功，就应该如此。

第十四篇　修炼自己

新的职业环境对人才的素质提出了新的要求，职场人士要想获得技能只有努力学习。此外还必须明了办公室政治应对策略，学会保全自己，建立起自己的人脉网络，这不仅会让你的工作变得更愉快，还能在你需要的时候助你一臂之力。

新的职业环境对人才的素质提出了新的要求，职场人士要想获得技能只有努力学习。此外还必须明了办公室政治应对策略，学会保全自己，建立起自己的人脉网络，这不仅会让你的工作变得更愉快，还能在你需要的时候助你一臂之力。

无论是人生定位还是职业选择，都应该给自己的人生一个说法。知道自己想做什么，能做什么，适合做什么。美国有一对夫妻放弃了纽约的工作来到中部的农业州，贩卖桃子、水果酱、面点之类，而他们的梦想就是做出世界上最棒的茉莉面包。在不断的努力和痛苦的失败后，他们成功了。如今他们可以和自己可爱的孩子坐在装潢一新的别墅阳台上欣赏季节的更替。头顶着别人看似闪耀的光环亦步亦趋地生活，自己未必快乐。选择自己喜爱的事情而为之努力，或许会有意想不到的收获。

但多数职场人士没有做这样的选择，他们终日埋头于手头的工作，羽扇纶巾、谈笑间樯橹灰飞烟灭的那种白领风流，进入 E 时代后已经被完全改变。企业主管背负着沉重的经营压力，快转镜头下的办公室生活，总是惶惶不可终日。经常听到主管这样说："抓紧时间赶出来"、"快点做"、"明天必须交给我"……

未来职场的竞争将不仅是智商的竞争，也是情商的竞争，更是逆境智商的竞争。个人在社会的生存与发展，必须将自己的 IQ、EQ 和 AQ 优化组合起来。智商是指衡量智力测验者的成绩标准。智力可用来指思维能力，一般的智力，从经验中学习的能力或对新环境作出恰当反应的能力，抽象推理，认清形势和作出论断的能力等等。人们往往将智商高低与其接受学历教育程度和职业技能水平相联系，如文凭、职业资格证书等。智商高的人还必须是业务过硬、能力强、本事大的人。新的职业环境对人才的素质提出了新的要求，未来需要怎样的能力结构呢？

——要有广泛的专业技能。没有过硬的技术才能或是只会纸上谈兵的人必然会被市场所淘汰。尤其是刚走出校门的学子别把自己看得太高，别把知识混同于职业能力，浮在半空的理想是靠不住的，一旦坠地，往往一塌糊涂。而且并不是每个单位都给你掂掂轻重、认识自我的机会。工作放在这里，就必须努力做好它，要形成工作中有条理的良好习惯：比如制定工作计划，根据计划事先安排，工作起来就事半功倍；争取把许多发生的事情记录下来，工作中头绪很多，比较乱，这就要求随时随地记录，工作起来就很少碰到丢三落四、难以兼顾的情况，工作也比较轻松；不找借口，一旦养成找借口的习惯，你的工作就会拖拖拉拉，没有效率，这样的人迟早会被炒鱿鱼。许多找借口的人，在享受了借口带来的短暂快乐后，起初有点自责，重复的次数一多也就无所谓了。抛弃找借口的习惯，你就会在工作中学会大量解决问题的技巧，这样借口就会离你越来越远，而成功就会离你越来越近。

要想获得技能只有学习、学习、再学习，没有免费的午餐。有个"聪明"的小男孩问上帝："一万年对你来说有多长？"上帝回答："像一分钟。"小男孩又问上帝："一百万元对你来说有多少？"上帝回答："像一分钱。"小男孩再问上帝："那你能给我一分钱吗？"上帝回答说："当然可以，只要你等一分钟。"可见凡事皆不是举手可得的，需付出时间及代价。在知识经济的年代，**在信息日新月异的变化**，新的知识技术的增长远远超过了年龄的增长带来经验的增长，因此你必须把学习当成一件像吃饭喝水一样须臾不能离开的东西。你是一个销售员，你总不满足于永远只是卖鼠标键盘吧？但你如果想要卖音箱，你总要对音箱的相关知识去学习一下吧，你总要去学习不同目标顾客群的心理、习惯甚至他们的喜好吧。要是去销售 ERP 或一套信息化的方案，大概你不知道的东西会更多，这些都需要你去学习。

要在实践中学习，做事有条理。学习不能光是理论上的，也包括实践中的，学习的关键是总结实践的经验，然后提高自己。工作和生活中，要对人诚恳，学会站在别人的角度上思考问题；对事往好的方面引导；对人事关系主动协调，使其变得融洽。觉得自己还没有完全进入角色，很多方面需要学习，于是更严格地要求自己，更加严谨、细致，尽自己的能力去做每一件事，为自己树立长远的和每个阶段的目标。工作不是完全释放自己，也不可能自己想怎么做就怎么做，但是只要有良好的心态，按照一定的计划，就能胜任自己的工作。

——要有丰富的想像力，白领职工都需要的技能。富于想像力，有利于收集并获得广泛、大量的信息与知识；想像力还可以开拓思维方法及观察的视野，在某种程度上可以带动创造性和创新能力。能广泛地搜集信息和理解它们并将之用于引导公司走向未来。

——要有创新和应变的能力。我们都知道青蛙实验的故事。把青蛙放在装有沸水的锅里它会马上跳出来，但放在温水的锅里并慢慢加热时，青蛙刚开始会舒适地在锅里游来游去，直到发现太热时已失去力量跳不出来了。寓意就是大环境的改变能决定你的成功与失败。大环境的改变有时是看不到的，我们必须时时注意，多学习，多警醒，并欢迎改变，才不至于太迟。太舒适的环境就是最危险的时刻。很习惯的生活方式，也许就是你最危险的生活方式。不断创新，打破旧有的模式，而且相信任何事都有再改善的地方。

——要有较强的组织能力。如今许多被认为是少数领导人士才具备的组织能力会成为选择职员的重点。比如说设置工作流程、制定市场营销方针、统一调拨财力物力、协调分配任务等都需要高标准的组织规划能力。人的能动性要得到充分发挥，而不局限于按部就班的传统模式。组织能力是十分重要的，许多部门需要在物资供应、工作程序以及贸易往来、财政机遇等诸多方面予以组织或重新组织。

——要有说服他人的能力。说服与交流能力即语言能力，懂得如何表达信息和思想，并能够听取信息与思想的人。公司间的交往要求职员能应付越来越多的人际关系并具有越来越高的游说能力。同时，在本来节奏快的工作环境中，内部的交流显得更加重要，尽管惜时如金，但没有交流就缺乏动力和发展的源泉。今天，一个有成效的工作人员应当善于向他人介绍自己所掌握的信息，说清楚自己的观念，使人能理解并支持某一特殊见解。

此外，**职场人士还必须明了办公室政治应对策略**。"办公室政治"是个时髦的词儿，但其寓意却让人讨厌。人是政治的动物，即使是职场也不例外。即使你拥有一身本事，也要学着了解办公室的生态环境，才能在办公室的政治游戏中，保护自己不受伤害。初进职场的人，虽然拥有一身本事，却总是被办公室复杂的政治活动，搞得精疲力尽、伤痕累累、"适应不良"，最终黯然离去。不管在不在行，喜不喜爱，当你坐在办公室时，就已不知不觉地走进政治了。活动的目的是为了获得以及保障自身的权利。所以，除非你一点儿也不在乎自己的权利（以及权益）是否受损，否则，总会或多或少地用心经营。既然身在其中，就该调整心态，优雅地参与其中。

首先我们要搞清楚，**你得乐于与办公室政治共处**。说实话，只要有一群人，再加上不均衡的权力利益分配，自然而然就会有办公室政治。亚里士多德在两千多年前就告诉我们："人是天生的政治动物。"所以在办公室中，有政治行为是常态，没有政治活动才奇怪。同时办公室政治可以很优雅，很艺术，不是一些肮脏不堪的联想。只要运用得当，同样的事情由不同的人来做，会经营出迥然不同的风格，因此你绝对可以有格调地把办公室政治活动经营成一门优雅的艺术。

在调整好心态之后，为了应付办公室政治，职场人士应当了解当权者的个人资讯，掌握当权者的人脉网络。政治活动的目的，是为了拥有及保障权利。

所以一到新的工作环境，你首先应该做的，是了解这个工作体系中真正掌握权力的人们。名单中除了拥有管理头衔的各级上司之外，还可能包括一些职称不算响亮，却掌握特殊权力及资讯的"隐形掌权人士"，例如总经理的特别助理、老板的配偶、上司的秘书、工作团队中的非正式领袖（人人尊敬的老大哥、老大姐们），甚至于总机、总务人员等。多观察，多请教，身为团体中菜鸟的你，就能更深入地了解每个掌权者的个人资料，例如学历、家世背景、工作经验、在公司的升迁过程及重要贡献等等。这些资料不但能帮助你了解公司所珍视的个人特质及人才升迁的依据，作为日后努力的参考，更能为自己提供未来和这些对象互动良好的基础。

接下来，你该试着从"面"的观点来解读办公室的政治势力，也就是了解所谓的派系。也许，总经理跟财务部门主管是多年的同学，而你的上司则和市场主管有"瑜亮情结"，或A经理曾是B经理的手下败将，而某主任则是董事长的远房亲戚等等。在这个阶段要多听少评论，对听到的内容别随意做出负面议论（他太过分了！），否则很可能在做好准备之前，你就已陷入政治混乱当中了！

除非你是不可多得的天才型员工，公司非得靠你才能活不可，否则，你多少得对掌权者以礼相待，维系良好关系（其实，即使是天才员工，以礼待人也该是起码的修养）。发展良好的关系，并不意味着你要口是心非地乱拍马屁，因为那很容易适得其反。

切实可行的做法是在公司中，多跟不同部门、不同阶层的同事建立起亲密而友善的关系。从总机的接线员到总经理秘书，从总务到财务都可以有你的朋友，这些"自己人"不仅会让你的工作变得更愉快，还能在你需要的时候伸出援手，助你一臂之力。对别人的工作表示真诚的兴趣：了解他的工作状况及其甘苦，显示你的同情心并注意倾听。可以向别人开口寻求建议。"这事挺烦我，你一直在这方面是行家，能不能给我点建议呢?"多方请教总是好事，并且能巧妙地传达自己对于对方的欣赏重视之意。

帮助别人，不求立即回报。在能力范围内，主动帮助同事，是累积人际资产的双赢方法。有位企业人士说得好："欠我的人愈多，日后帮我的人也愈多。"所以，下回有同事需要找人帮忙时，别忘了挺身相助。如果你想要发挥人际互惠的最大效益，在给人帮助或好处时，可以掌握一些原则：不轻给（让对方觉得得来不易）、不乱给（要选择对象）、不吝给（既然要给，就宁可大方地给）。

受人喜爱是一种资产，为人处事能让同事们乐意接受，对于一个公司的新手来说，没有什么比这个更重要。有位在公司实习的一位研究生，为人坦荡、诚实守信，喜欢疑问又不轻易否认别人的观点，很快就赢得了上司和同事的好感。一次他同客户洽谈的时候误签了一份合同，使部里损失好几万，暗地里妒忌他的人认为他必定得滚蛋了，可没想到又一桩业务来临的时候，有很多同事帮他从业务主管那里争取到了第二次机会，结果他很快就荣升主管了，融洽的人际关系至少拓宽了他的生存空间。

受委屈的时候要记住 1 加 1 不一定等于 2，职场上的确有不辨是非的时候，工作中受点委屈是很正常的事。 此时，与其在那儿怨天尤人，不如学会化委屈为动力，因为还有比委屈更为重要的事，比如在职场的生存和发展。主动方案。好汉不吃眼前亏、主动言和是运用智慧寻找冲突的最佳解决方案，主动言和更需要团队精神，发挥团队精神可以使合作得以延续。在处理冲突的问题时要运用自己的智慧和团队精神与上司及同事尽量合作，让他们发现自己是个理想的合作伙伴，更给自己创造一个良好的工作空间。

有位主管曾给我们上过一节"蛋糕哲学"课，他说，同样大的一块蛋糕，分的人越多，自然分到每个人手里的就越少。如果斤斤计较去争抢，那我们信

奉的就是享受财富哲学。这种哲学迟早要把我们送入末路。而**运营良好的企业信奉的都是创造财富哲学，联手把蛋糕做大，这样我们不会为眼下分到的蛋糕大小而备感不平。**

有些举动绝对有害于你的政治表现，像对你的上司轻视傲慢：不论是私底下，或是在公开场合，对你的上司表现傲慢轻视的态度，只会反过来伤害到自己。举凡打断老板的笑话，公开纠正他的错误，以及质疑他的决心等等，都是标准的不智之举。有些企管专家认为越级报告是有效的"向上管理"策略。然而这样很可能会让顶头上司不愉快。所以先行报告，得到上司的谅解后，再与高层主管沟通，恐怕是更正确的政治动作。有些人一点话都藏不住，见到人就大吐苦水"我真是倒霉……"，要不就是背后批评"我们那个经理啊，真是糟透了……"如此只会让自己的形象受损，更可能送给他人一个自己不适合这个岗位的理由。

政治是妥协的艺术。请别忘了，**在争取及维护自己的权利时，妥协往往是必需的。**如果你事事都要占先，那很容易成为众矢之的。不求一时胜利，甚至策略性的"小事求败，大事求胜"，都会是聪明的政治动作。因为，求败可以隐藏实力，以备更重要的时机之用。但也别不战而败，否则会引起不满和怀疑。

第十五篇　怎样抚摸你的伤痕

在充满市场竞争的现代职场，性格至关重要。如何应对压力是职场人士需要重视的问题，我们的态度不是逃避压力，而是缓解压力，有效地应对压力。压力如果转化得当，就能变成动力，经受住逆境的锤打，在顺境中我们就将无敌。

在充满市场竞争的现代职场，性格至关重要。如何应对压力是职场人士需要重视的问题，我们的态度不是逃避压力，而是缓解压力，有效地应对压力。压力如果转化得当，就能变成动力，经受住逆境的锤打，在顺境中我们就将无敌。

为什么你的工作总是不如意？想当初毕业时，你满腹经纶、才华横溢、意气风发，投身社会，准备干一番轰轰烈烈的大事业。然而在职场折腾了多年，收获的只是体验了海水的苦涩和江湖的险恶。偌大的世界，竟找不到一个可以充分发挥的舞台。

我们一次次满怀希望地投奔一个新的公司，又一次次带着伤痕失望而归。又发现一家公司，锃亮的招牌，摇曳的标识，面试官的许诺如祝福那么动人。你在心里问自己：这里有真正属于我的舞台吗？这一次是我的真正归宿吗？到头来，仍然只能哀叹"英雄无用武之地"！

有人认为美国企业尊重每一个人的个性，这一点亚洲企业远远地落在了后面，国内企业更是如此。比如在思科的公司内部网站上，有专门为同性恋员工设置的PARTY。国内的一些企业喜欢听话、使人放心、能办事的人，那些虽然才华横溢、但浑身是刺的人有时是不受欢迎的。

在中国职场，性格至关重要。不但岗位与性格的相关性很高（性格内向在企业的发展机会少，职位上升的空间也十分狭窄；而大部分中国人都是内向性格，不像美国人多数是外向性格），企业内部环境（许多企业谈不上有企业文化）对性格的要求也较高，换句话说就是，**中国企业对性格的包容性很低，许多性格内向的人很难有大的发展，真正有性格的人很难生存，更谈不上发展。**

这不仅是由中国企业的管理水平决定的，也不仅是中国企业内部氛围的问题，它直接是由中国的文化传统决定的。在充满市场竞争的现代社会，如何很好地应对压力，正在成为职场人士需要重视的问题，要改变自身，更好地应对压力，降低压力反应。然而，在设计压力管理方案之前，首先需要了解员工目前的工作压力究竟有多大，目前的疲劳程度有多高，主要的压力来源有哪些等等，以便更有针对性地解决工作压力问题。

压力无处不在，对企业而言，我们的态度不是逃避，而是创造更有利的工作环境来缓解压力，是了解压力的作用方式，改善压力的应对方式，以此来有效地应对压力，在充满竞争的市场经济环境下，使企业的员工及整个企业保持最佳状态，带着充沛的精力去迎接工作的挑战。这样的理想状态不仅需要个人具有乐观的心态、扎实的功力、成熟的心智，还需要企业营造一个良好的环境，和谐高效的组织架构，良好的支持、培训、沟通平台，成熟的管理队伍。

在风云变换的职场，再坚强的心也难免受到伤害，而大多数人不愿把伤口暴露给别人，总是自己化解。比如老板把你叫到办公室狠狠训了一顿。原因是你手下的一位新员工在外面联系业务时，言行有损公司形象，被反馈到老板那里，老板很生气，把一腔火气全发到你身上。明明是别人的错，却要自己承担；而且为了顾及老板的尊严又不便过多分辨，只能独自默默忍受，谁都会觉得很委屈。但透过这件事本身，其实老板要告诉你的一个重要讯息是：我把这个部门交给你负责，是因为我信任你，你要对我的信任负责。如果你没有接纳来自对方的信息，却只从自己的角度看问题，就会感到委屈。

这件事的正面动机是，老板对你是信任的，即使责备也是为了提醒，应该对老板给予的信任有所担当。如果你了解了这个正面动机，就不会过多地抱怨了。每个人的性格秉性都不是空穴来风，跟他的成长环境有重要关系，通常爱发脾气的人都是性格急躁、过于主观的人，这是他的一贯作风，而并非单单针对某一个人才这样。这样一想，你就不会钻到牛角尖里过分伤害自己了。

跟你合作的是一位性格倔强的中年妇女，仗着自己在公司的资历，时常出言不逊。你一忍再忍，不想在大庭广众之下做出过激的行为。可是最近一次，两人因为分工问题争执起来，那位中年妇女竟然没理找理大大发了一次火，还乱摔东西。你的一腔怒火无处发泄，心里的难受劲就别提了。每每想起，就脸红心跳，觉得自己很窝囊。

对于这种伤害的主要方法是释放，选择一个安全的环境，将所体验的情绪感觉（如委屈、愤怒、难过、悲伤等），宣泄出来，而宣泄环境的安全是至关重要的。在不伤及自己或他人的情况下，在无人的旷野、海边、大草原、山顶、空旷的操场、卫生间等地方，用灵活多样的方式，如疯狂的呐喊、狂舞等来释放愤怒情绪。或者每晚给自己一段安静的、不受外界打扰的时间，至少一个小时，敞开心扉，让一天里的所有情绪、感觉完全呈现出来。在此期间，放弃头脑里所有的分析、判断，任情感肆意流淌。待情绪释放完毕，你越能细腻地了解自己的感受，便越能知道那些感觉背后的需要是什么，而你也将逐渐学会和自己相处，温柔地对待自己，这时，"善待自己"就不是一句空话了。

有的新员工由于各方面都很优秀，深得老板赏识，就显得与周围的同事格格不入。在一个工作环境，新来的人总是难以快速地产生归属感。尤其是各方面都比较优秀的人，会使其他人产生嫉妒心理，更会有意无意地孤立他（她）。而老板的鼓励又促使他（她）越发好强，以便更好的保护自己。这就形成了一个恶性循环：被孤立——更好强——更优秀——更孤立。如果一个人因被孤立、被忽略而沮丧时，需要的是被重视、被容纳和被关怀。在生活中，能满足我们需要的人是不尽相同的，假如你很在乎爱人的认可，就到爱人那里寻找，假如你在乎父母的鼓励，就到父母那里寻找。

很多人觉得工作如同鸡肋，不仅毫无趣味可言，而且绝对挑战人体疲劳极限。每天至少8个小时，紧张、厌倦，又无可奈何，理智又提醒自己需要生存，所以拿不出勇气辞职，日复一日，严重的厌职情绪，堪称对自己的精神强暴。

有位医生说：我对现在的工作是非常不满意的，归根结底是我不喜欢干医生这一行。当初我高考填报志愿的时候，也是家里人强加给我的。爸爸经常生病，常去医院看病，由于他本人的医学知识有限，在医院也没有什么熟人，看病的时候走了不少弯路。而最重要的一点是，爸爸认为医生是一个受人尊敬的职业，有保障。可我的心里并不是这样想的，我的理想是当一个文学家，在文学的世界里我才能找到真正的乐趣。但是我毕竟辛辛苦苦念了五年的医学，看着爸爸充满希望的眼神与虚弱的身体，我只有苦心坚持下去，每每医好了一个病人，我的心里也会有一丝的快乐与满足。可是，同去的同事一个个忙着晋升、深造，我却一点兴趣也没有！然而不努力学习就意味着我会是一个不负责任的医生，我左右为难。由于担心自己在工作方面不能胜任，有时我又想去考文学硕士，然而做成一件事哪有那么容易？所以我只有饱受厌职情绪的苦苦煎熬——我想这种情绪会一直弥漫，直到有一天我真正喜欢上了现在的工作，或者是我找到了自己想要的工作。

一位主持人说：我觉得人有一份工作就有了一种依靠，这种感情不是爱情及亲情所能替代的，所以我会非常珍惜现在的工作。也许你会觉得很奇怪，为什么有这样的心理我还会产生厌职的情绪。老实说，我的厌职情绪源自我周围的各种压力。首先是我的父母，他们希望我像吴仪一样的优秀，吴仪是那么出色的人物，当然每个为人父母的都希望自己的孩子有出息，所以父母的这种心情我是可以理解的；还有，在我这个行业里，竞争非常激烈，眼看周围的同事都变成"金凤凰"了，我的心里很是焦急。我非常喜欢主持人的职业，可现在的境况远远不是我所要的，在巨大的压力下，我甚至产生了很幼稚的想法——逃跑，不做了或者干脆嫁人算了。不过正是这种厌职情绪，同时对我也是一种动力，现在我在读研究生，争取自己可以做得更好。

厌职者的厌职理由一般都是：理想总是离现实那么遥远。这类人一般有着

远大的理想，然而不是每个人随随便便就可以获得成功的。现实的生活中，付出很多的努力，离自己的理想仍距离很远时，厌职情绪就会油然而生：职位离自己想要的差一大截；薪水也不尽人意……当辛勤的耕耘迟迟得不到满意的收成之后，就把一切的烦恼转移到自己的工作上了。

复杂的人际关系令人累。初跨入工作岗位的人最容易产生这样的想法。因为相对于工作中复杂的人际关系而言，学校可以算是一片纯净的土壤，人都比较单纯，即使相互之间有什么磕磕绊绊，解释一下就没事了。可是一旦踏进了社会大学的学堂，你得在几天之内迅速学会与领导、与同事相处……如果你不能很好地处理这些问题，你的工作就难免因为情绪而受到影响。久而久之，身心疲惫，厌职情绪一发不可收拾。

工作的日子总是如此单调。你的工作非常出色，什么都得心应手，可你天性好动，每天面对同样的工作环境，一样的人进进出出，单调的工作反复地做着，以前的兴趣下降，内心觉得你的工作没有什么意思，什么都显得苍白无色了。

压力太大了，为何我总是不行。压力催人成熟，可是一旦压力大到不能再扛，而让人感到"我不行了"的时候，便会选择心理上逃跑，但又不是行动上的真正逃离。当找不到地方去宣泄自己的压力时，厌职便是一种很好的方式了。

一般来说，女性的厌职深层次地来自她们内心的冲突。女性的本性是喜欢家庭、喜欢交际的，没有几个女性不喜欢逛街购物，有些女性会直接说："我不喜欢工作！"而另一些女性一开始以工作为重，可是她们的目的却是为了摆脱受男性支配的地位，想从工作中获得独立。男性可以从工作中得到权利与地位所带来的心灵上的乐趣，而工作本身却满足不了传统女性的内心需求，或许她们潜意识里没有感觉到，然而这种内心的冲突一旦积累到一定的程度，女性对工作就会丧失兴趣，尤其是如果有一个爱她的男友或者是丈夫说"我可以养活你，你辞职吧！"时更是如此。而实际上并不是他一个人做事，两个人就可以过得很好的那一种，所以女性不得不工作，但是仍然存在幻想，在心理上有退路，所以更有理由厌职了。

真的厌职了吗？发现自己厌职情绪很明显时，让自己休息或运动一段时间，消除了工作带来的疲劳之后，如果你对工作还不感兴趣，并且持续了很长的一段时间，说明你已经陷入了厌职情绪的困扰当中。那你应该找一些方法来调整自己了。

重新审视自己的工作：先不要把目前的目标定得过于遥远，理性地分析一下你厌职的原因，重新把自己的工作审视一下，最好是把现阶段的工作与你的理想挂上钩，这样你就不会因为你目前的工作离你的理想太遥远而苦恼了。

有时候一件事情并不值得你去开怀大笑一场，但如果你把它想像成一件很好笑的事，说不定，微笑会不知不觉地挂上你的嘴角，同样的道理，如果你觉得工作过于单调，你把你现在所做的工作看成一项非常有意义有乐趣的工作，你就会从中得到一些快乐。

如果每天感觉在一个新的环境中，心情会有新的表现，美化工作环境，厌职情绪会不知不觉地消失。光线对于情绪很重要，假如长期在一个光线不好的地方工作，情绪会处于一种压抑的状态，所以工作的地方最好让光线充足些。乱糟糟的桌面会给人心烦意乱的感觉，所以每天下班后，最好整理一下桌面，以便第二天有一个清爽的开始。

台湾著名企业家王永庆提出：卖冰淇淋必须从冬天开始，因为冬天顾客少，会逼迫你降低成本，改善服务。如果能在冬天的逆境中生存，就再也不会害怕夏天的竞争了。

人的潜能到底有多大？谁也说不清楚。很多年前，专家们已经多次预言了人的生理极限，包括跑、跳、负重等，可这些所谓的极限却一次次地被人冲破。现在很少有人再做这种预言了，因为人们似乎已感到，人的潜力是无限的。

科学家还研究证明，人在逆境下常常能爆发出超常的潜力。我国古代"武松打虎"的故事似乎就是一个证明：一个手无寸铁的人，在情急之下，竟能打死一只强健、凶悍的老虎。**实际上，压力如果转化得当，就能变成动力，从而使人做出超越常规的事情。**

那么，为了最大限度地激发自己的潜能，我们何不在适当的时候，主动给自己一些压力呢？古语道：生于忧患，死于安乐。我们的祖先就早已意识到，逆境是人成长的宝贵财富。因为逆境能让我们放低自己的姿态，更加勤勉地投入。在逆境中，我们能忍耐平时无法忍耐的痛苦、艰辛，甚至侮辱。在逆境中，我们会减少自己的娱乐，花更多的时间和精力去改变自己的环境，因为，我们实在不想长久地这样。所有这些努力，当然都不会白费。

如果，我们在逆境中没有倒下，那么，当峰回路转、柳暗花明的时候，我们就会更加自信：我们已走过了最坎坷、最泥泞、最寒冷的道路，现在面对一片光明前途，即使还有很多的竞争者，即使还会有短时的阴雨天，我们也会有充足的勇气去面对，有充足的力量去前进。经受住了逆境的锤打，在顺境中我们就将无敌。

第十六篇　放松心情，放松一切

职场人士所面对生存的压力，不是努力加苦干就能应付的。坏心情是自找的，我们要学会及时调节心态。很多危险的产生在于我们对待敌人的心态。与其让无可挽回的事实破坏我们的情绪，还不如坦然接受，并加以适应，要找时间放松自己。

职场人士所面对生存的压力，不是努力加苦干就能应付的。坏心情是自找的，我们要学会及时调节心态。很多危险的产生在于我们对待敌人的心态。与其让无可挽回的事实破坏我们的情绪，还不如坦然接受，并加以适应，要找时间放松自己。

职场人士，面对的不仅是21世纪的不安定、不可测的多变经营环境，同时还要面对来自上司的压力，来自公司同事和部属的挑战，来自公司经营策略的变化……**这群人所面对生存的压力与岌岌可危的态势决不是努力加苦干就能应付的。**因为，每天都会有新的竞争对手在他们身边不断涌现。此外，他们所面对的还将是市场竞争的不断加剧，利润空间的无限压缩，而压力也决非仅仅来自外在的空间，更有自身的自危感受。

每个人都会抱怨。今天天气不好，薪水给得太少，行政部的秘书凶得像后妈，老板的脸色像是人人都欠他钱……工作对每一个职场中人来说，是生活的重心，说得直接些，工作就是我们的衣食父母，维系生存的经济来源，因此，我们把睡眠之外的绝大部分时间都奉献给了工作。忙忙碌碌，承受压力，是工作的惯常状态，当压力接踵而来时，烦恼也就如影随形。然而许多成功人士却大都把工作当成一种生活乐趣来看待，这不能不引起我们的深思：**我们是职场上的小白领，尽管可能尚未拥有一份骄人的业绩，但我们不能失去快乐的心情。**

要知道坏心情是自找的。工作中碰到问题和不顺心的事情是难免的，在工作单位，人际关系微妙也是客观存在的，公司政策落实中的变样走形更是常见。好多好多的事情，都不是那么令人愉快。如果我们件件事情去较真，件件事情往自己身上找毛病的话，那简直就是和自己过不去。所以，我们必须摆正心态，不能说是要"心如止水"吧，最起码也要把拥有一颗"似水之心"作为自己的奋斗目标。上进心强是一件好事，但是又不能过于好胜，事事都好胜，毕竟你就是一个人，不是个神，法力无边；目光敏锐、洞察力强是优点，但绝对不能过于敏感，那只会让自己的心变得越来越脆弱，神经绷得时间长了，不衰弱才怪呢。所以，**既然踏入职场，就要正视职业场合中的现实和运行规则，学会及时调节心态，以一颗平常心做事，做人。好多烦恼都是自找的，想不烦恼就得自己调节。**

知名的美国职业经理人艾柯卡在小时候家里非常贫穷，同时也养成他勤俭节约、不怕艰难，勇往直前坚持到底的精神。就在他长大了一点的时候，父亲就教导他："不管情况有多么的糟糕、有多么的坏，实际的情况总要比想像要好得多，想要把它甩掉，就一定要做一位乐观的企业家。""人的一生，如果在还能继续跑的时候千万不要走。"大学毕业以后，艾柯卡到福特公司当销售员，没过多久销售额就达到第一，他也一夜成为了名人，还被福特公司提拔到销售经理的位置。

为了追求更好更轰动的效应，他打出广告声称福特车是最安全的，甚至还说即使是从两层楼上把鸡蛋扔到车上也会把鸡蛋弹起来。结果就在举行现场表演的时候，他扔下来的几个鸡蛋全部都碎掉了，蛋黄溅得到处都是，人们大笑不止，表演一时成了大家的笑话。可是艾柯卡的自信心并没有受到打击，而只是咬着牙说："以后我再也不拿鸡蛋来做实验了！"没有过多久，重新准备好的艾柯卡在销售"野马"牌汽车大出了风头，竟然卖出了 41.8 万辆，为公司创造出 11 亿美元的收入！从此以后他就成了《时代》《新闻周刊》等知名媒体的封面人物，也为日后他登上福特总裁宝座铺平了道路。

"跌倒了千万别泄气"，这就是我们常说的那一句话。但是又有几个人能真正做到呢？特别是像艾柯卡那样吹破牛皮，当众出了丑又受到羞辱之后，还能重新爬起来呢？成功的人并不是从来没有失败过，而是在于他们总能在检讨失败的时候，注意保护自己的自信心，乃至于自我安慰。明明是自己异想天开所

惹的祸，艾柯卡却轻描淡写地把那无辜的鸡蛋当罪人了。这不是自己骗自己吗？也许是。**但是还有什么能比在重大的挫折之后依然保持信心更重要呢？而那种用纠缠于细节的"实事求是"摧毁一个人（或者是一个团体）自信的情况，实在是太多了。**

生活在纷繁都市里的"白领"，常常忙得迷失了自我。日复一日，巨大的工作压力难以舒缓，长期处于一种亚健康状态。我们每日奔忙是为了什么？当然，作为一个现代人，无论是为社会创造价值，还是实现个人价值，我们都应该让自己的业绩更好一些，职位更高一些，收入更多一些，在别人的眼中更成功一些……但这是我们生活的全部意义吗？我们每日背负着重压，像陀螺一样不停地旋转，直到某一天我们身心憔悴，抑或是我们的同事、朋友突然因健康状况而"旋转"不动时，我们才会认真地思考是否应该实施减压了？坚持做几个小改变，就可能重新找回生活的乐趣。

有秩序的生活会使你每天头脑清醒。心情舒畅地整理好办公桌，定期清理文件和电子邮件都是必要的。光是看见桌上堆满了报告和要回的信就已足以让你产生混乱、紧张和忧虑的情绪。不要小看家庭生活。事业的成功与否往往与家庭生活有直接关系。一个从容的早晨，一顿丰富的早餐也许就决定了一天的心情和工作效率。没有人觉得蓬头垢面、饥肠辘辘地赶去上班会让一天都有好心情。

运动必不可少。应该每天至少从事一种体育活动，时间不少于半小时；最好还能在家里开辟出一块能彻底不受打扰的地方，每天呆上一刻钟，在这段时间里，只想积极的、让你开心的事情。这种短时间的放松对你的情绪大有帮助。

寻找工作乐趣。一定要弄清楚自己最想要的到底是什么，金钱、富于变换的生活、挑战的刺激还是不断超越自我？然后想想现在的工作能不能给你提供这些物质条件或精神上的感受。如果两者相去甚远，你就应该考虑变换一下工作了。

乐观应对一切。大部分时候我们的疲劳并不是因为工作，而是因为忧虑、紧张或不快的情绪。试着"假装"对工作充满热情和兴趣，微笑着去接电话，在上司通知周末加班时从内心叫一声"太好了"，每天早上都给自己打打气……千万不要认为这是很幼稚的事，这是心理学上非常重要的"心理暗示"。碰到烦心事心情不好，就暂时把这些事放在一边，等自己心情好了，再来处理这些事情，这样思维就比较清晰、有条理，自然也就事半功倍。

南非有一种野马，性情十分的暴烈，奔跑的速度非常之快，是难得的优良马种。但是它有一个身体极小的天敌——吸血蝙蝠。这种蝙蝠一旦趴在了马的身体上，就会用尖尖的嘴疯狂地吮吸马血，不管马怎么地狂奔，如何地乱跑，都甩不掉它，只有它吸饱了，才会自动离开。虽然这种蝙蝠吸血不多，但是由于马感到被吸之后，总是没完没了地狂奔、乱跑，最后却常常使这种良马力尽而死。

现实生活中，很多危险的产生，不在于敌人是否强大，而在于我们对待敌人的心态。很多看起来很像灭顶的劫难，其实都是不可怕的。如果我们过分地恐惧、过分地急躁，即使是很小的困难也会使我们彻底崩溃，没有办法收场。

英语里有句谚语，叫"不要为打翻的牛奶哭泣"。生活中，谁都会遇到令人不愉快的事：好不容易得到了上司的赏识，他却又调往别处；全力以赴做了投标书却因为最后一个数据没有核实而失去了机会……

与其让这些无可挽回的事实破坏我们的情绪毁坏我们的生活，还不如让自己对这些事情坦然接受，并加以适应。要记住，有些时候后悔是无济于事的，我们已经失去了很多，只要不再失去教训就行。

把工作变成一种乐趣，学会放弃。没必要把工作当成是纯粹的一种工作，当成一种压力和负担，而要把工作尽量当成一种乐趣。我刚参加工作的时候，也是比较情绪化，但是后来经历得多了，心态也就慢慢变得比较平和。我平时会主动去寻找一种工作时的快乐。有什么烦心事，比如吵架，工作时就暂时放在一边，等工作结束了再"继续"。有时候积累多了烦心事，我就找朋友倾诉一下，毕竟长时间憋在心里，对身体、对工作、对家庭都不好，找个好朋友倾诉一下，也可以使自己心情舒畅。我喜欢帮助人，在上下班的路上、在工作中碰到自己力所能及可以帮助的事情，就出手相助，既帮助了别人，自己也会感到高兴，心情变得很愉快。

　　一个完美的人，是成人之美，他在"丛中笑"，这才是让人更为心动，也更令人尊敬。**人类社会是"我为人人，所以人人为我"的社会，但是一个个社会名流都是踩在别人的肩膀上的。**这句话是牛顿一语道破的。实际上牛顿的成就来自于伽利略的地面运动力学，还有开普勒的天体运动力学的成果。没有这两个人的成就，就不会有牛顿力学。作为人类历史上著名的技术专家、发明家的瓦特改进了蒸汽机，把人类推进到工业社会。但是在瓦特的蒸汽机之前，在煤矿已经大量使用旧式蒸汽机，所以瓦特才能当上修理蒸汽机的工人，1785年在别人的成就的基础下把热效率一下子提升了 5 倍，从此以后才成为了所有工厂的动力机。在理论上瓦特还接受了大学教授理论的指导；在经费上，瓦特还接受过企业家的"接力式"的资助。总之不是瓦特一个人"从头到尾"发明了蒸汽机的。社会从来不是那么公平的，总是到了最后创造使用价值的人"出名"，就像人们吃饭总是到了最后那个馒头才吃饱。这个哲理在企业界是屡见不鲜的。**所以你不妨心胸开阔一点，对后人乘凉的事不用太在意。**

　　人类登上月球的成功，是世界科学家的成功，但是真正登上月球的只是在月球表面上跳动的阿姆斯特朗，另外一位就是在飞船上等待他上船回地球的奥尔德林。就在他们两个返回地球的时候，阿姆斯特朗有句十分自豪的名言：

"我在月球上走了一小步，是全人类的一大步。"当记者问到奥尔德林："阿姆斯特朗成为登上月球的第一人，而你只差咫尺之遥，就没能让人们家喻户晓，难道你就不觉得遗憾吗？"在挤不动的人群的尴尬注视下，奥尔德林却十分幽默而又很大度地说："你们不要忘记，第一个走出登月舱，登上地球的外星人是我奥尔德林。"大家都哈哈大笑，每个人都为他默默无闻地"为他人作嫁衣"的胸怀而充满了崇敬。

庸人自扰？何苦。人们常常喜欢为太多太多的事情担心：工作会得到上司肯定吗？朋友的事业会有转机？孩子的成绩还过得去吧？长辈的身体还那么硬朗吗？上司要的报告今天赶不完怎么办？下午有个不太想见的客户要来，晚上请不请他吃饭？不仅担心的事多，甚至还要为还没发生的事情担心，杞人忧天，庸人自扰，怎能不烦人？其实完全可以把其余的事情暂时搁在一边，全力以赴地对付今天的报告。何况下午的客户还不一定来，即便来了，说不定早已有了自己的安排。至于几天后的出差就更不必担心了，担心也无济于事。

轻易否定自己？太脆弱。有时候可能容易觉得自己有好多缺点，能力不足，做事粗心，不够专注，没能把握好晋升的机会……想着想着就钻进了牛角尖。一旦进入思维的怪圈，就觉得自己一无是处，生活毫无意义，心情随之沮丧极了。能够反思固然是好事，但不要总只看到自己的缺点，忽略自己的长处。也许别人眼中的你是个做事麻利，脚踏实地，易于交往的人，和你的自我评价完全相反。缺点未必不可以转化成优点，总想自己这也不行，那也不会，当然会无端增添压力。结果往往是你被焦虑的心情所困扰，什么事情都做不好。

办公室里呆久了，难免会疲倦，去洗手间用凉水洗洗额头，擦擦脸，会感觉头脑清醒，神清气爽许多。午饭后洗把脸，会觉得有活力。利用工作间隙闭目养神。尝试在头脑里联想一些美好的画面，比如在海边，海风轻拂，白帆点点，海鸥飞翔，令人心醉。在自己的办公桌旁贴上一两张精美的图片，汽车豪宅或是能够引起你愉快回忆的照片，这些都有助于你迅速进入"幻想世界"。还可以用音乐来调节情绪。想尽情发泄？那就听摇滚；想整理思绪？就让勃拉姆斯在你耳畔萦绕。在办公室准备几张自己喜欢的CD，不过千万记住戴上耳机，以防影响他人工作。上班时间的放松方式还有不少，你可以喝杯提神醒脑的茶，慢慢想。

　　找段时间彻底放松。很多人总是把日程排得满满的，神经绷得紧紧的，似乎给自己留下一点发呆的时间也是件很奢侈的事。那感觉有点像一个拮据惯了的人因为一个偶然的机会得到了百万英镑，放胆转进豪华的消费场所放纵了一把，回来，心里边充满了危机意识外加犯罪感。不必把自己折磨成这样。周末逛逛街，和朋友们小聚，谈谈情，说说爱，或者干脆放下手头的一切做一次长途旅行，都会使你倍感愉快，心情轻松。

　　以下是一些职场人士回忆他们放松的心情：

　　圆满完成工作的时候，第二天可以踏踏实实地睡到自然醒，让温暖的阳光洒在身上，发一会儿呆！

　　中午，办公室里就我一个人，很安静，窗外阳光绿树，还有点微风，实在是太完美了，觉得好像亲近了一个仰慕已久的绝代佳人一样，有种很强烈的幸福感。

　　做了一个自己很投入的项目，我就觉得有满足感。

　　发现包括老婆、儿子和另外的很多人都需要我。

　　工作后第一次过年回家，把自己赚的几千块钱拿出来给父母，说这是给你们的，长这么大头一次，钱不多……爸爸愣了，妈妈掉了泪，我也哭了。那一刻，是从未有过的幸福。

　　坐在短期英语培训班的教室里，班上的男同学突然都围过来要求跟我"练习口语"。那是最后一堂英语课。现在仍然想得起来那种感觉，它满足了一个女人最大的虚荣心，那种巨大的惊喜让人眩晕。他们都是已经被生活改造得冷静而不动声色的中年男人了啊。这种幸福跟两情相悦的不一样，它如此短暂又虚幻，但我仍然感谢上天眷顾，让我被这样大的一块馅饼砸中，有机会看到萍水相逢的人们如此柔软的心灵。

完全凭自己的实力获得别人的认可，是人生的幸福。

失业期间忽然有工作了，很幸福，幸福得从天桥上跑下来，见到什么都笑。那时是四月，好像有槐花。

第十七篇　薪水再多一点！

薪水对于白领阶层而言，还应该包括对人力资本价值的肯定。多数所谓的"低薪"工作者所获得的收入不是他们真实职业价值的体现，他们因为这样那样的原因，使得自身的价值没有得到体现。最好能主动向老板提出加薪要求，不得已时再走人。

薪水对于白领阶层而言，还应该包括对人力资本价值的肯定。多数所谓的"低薪"工作者所获得的收入不是他们真实职业价值的体现，他们因为这样那样的原因，使得自身的价值没有得到体现。最好能主动向老板提出加薪要求，不得已时再走人。

　　对于职场谋生者而言，最关心最重要的就是自己的薪水，毕竟要靠它养家糊口啊。现代企业常挂在嘴边的一句话就是制定合理的薪酬制度，以激发员工的积极性。薪酬并不是传统意义上的工资，而是指员工在单位提供劳动或者劳务获得的报酬，对于一般的白领阶层而言，还应该包括对人力资本价值的肯定。**白领的收入应该由七部分组成，其中工资、奖金、津贴和福利（员工持股）组成的是一般的薪酬，此外还应该加上产权分割、利润分享和职务消费三大块。**企业要想留住人才、留住资本，就必须要加大对人力资本的投资，也就是要完善薪酬的结构和内容。

　　跨国公司的薪酬策略比较完善，新人给多少、每年长多少、奖惩标准等等，不是拍脑袋制订的，不是情绪化的东西，一方面由市场决定，另一方面也和他们不同时期的不同策略有关。像日本企业薪水不是最高的，但它工作的保障性相对高一些。近几年已经有日资企业开始改革，原因是不少人才被挖走，到更高薪酬的欧美公司了，日企也开始向欧美公司靠拢。相比而言欧美的企业更加市场化，参照行业标准和职位标准制订薪酬原则。薪酬高但员工的工作风险、压力也增大了，这些都是相辅相成的。有些企业在特殊时期，比如业务量大增的情况下，不可能在短期内招很多人，更愿意增加原有人员的工作量和给予一定补偿。

　　一般而言，人才的薪酬与经验成正比，经验多、工作时间长的，所获薪酬也多。有趣的是，英国科学家发现，外形英俊高大的男子比缺乏吸引力的男子可以找到更好的工作和赚得更多报酬，同样，较有姿色的女性也比一般平常之人多赚一些。

公司福利是除了薪水之外的另一个重大诱因，是老板收买人心"惯用的伎俩"。如果老板对员工多加体恤，再让员工"日日进账"，"月月实惠"，那就真是十全十美的事情。最讨厌什么？加班。最向往什么？放假。最希望什么？加薪。最炫耀什么？福利。如果不需要加班，每年享受假期，还有无尽的福利……然后老板依旧能愉快地给我加薪，那人生还有什么不满足的呢？很多不思上进的人们满足地想。虽然明知道羊毛出在羊身上。

在中国企业员工对于福利项目满意度的调查中，外资员工的满意程度最高，外资企业比较强调教育的资助，公司会支持员工在外面学习与工作相关的技能，并给予报销。美国很多企业定期举行员工家庭日，公司上层家庭都会参与。公司对员工的关心也到了相当细微的程度，比如员工遭遇车祸，亲眼目睹死亡场面，公司会请心理咨询师来进行心理辅导。聚餐、旅游、员工娱乐比赛、家庭活动等福利活动开展得当，会起到缓解职业压力、提高员工工作效率、优化企业形象、降低员工流失率等作用。

几家欢乐几家愁。有人在享受满意的薪水和福利，有人却为低薪而烦恼。很多职业人普遍对自己未来的"薪情"表示担忧，特别是处于中低层职业岗位人士的忧虑程度明显更高一些。**绝大多数所谓的"低薪"工作者，所获得的薪资价格，不是他们真实职业价值的体现，甚至他们中的一些人有着很强的工作能力，却因为这样那样的原因，使得他们自身的价值没有得到体现。**

因为工作不好找，现在很多人存在着明显的投机倾向，不去仔细分析自己究竟适合做什么？能做什么？不从长远的角度进行分析，而是简单地只看到短期效益，觉得薪水不错、福利好就贸然地去一个对自己来说并不合适也并不能增加职业含金量的领域中。除掉那些年龄、学历、技能等方面的客观因素，看看这些有能力的人为何拿低薪也很有意思。

1. 低收入者习惯于忍受低收入。低收入者所以能接受收入较低甚至无法满足基本需要的工作，通常是因为这种工作能给他们带来"自由"。觉得高收入的工作意味着放弃自由，经常加班。但实际上总在抱怨："我不停地干活。总在干活。"高收入者认为，报酬必须与工作时间相当。但低收入者却很少想过（也不感兴趣）自己的收入也能高上去。高收入者会选择收入更丰厚的职业，希望自己的工资水涨船高。低收入者却连想也不敢这么想，不相信自己也可以挣上一大笔。"我也能多挣点？没想过。"他们很少想过这样做是否明智，更没想过要向传统开战，目光短浅，任人摆布。做得多得到的却少，老板是怎么考核员工绩效的？想跳槽吧，却担心可能连现在的薪资水平都不保。西方有句谚语："脑子想着什么，眼睛看见什么。"锤子的眼睛，看见的肯定是钉子。低收入者的眼睛，看见的都是荆棘。

2. 总是低估自己的价值。有些女性尤其容易低估自己，这也正是她们收入"低"于潜能的原因。能够接受比男同事低得多的报酬。这一点不因前一份工作的收入高低而改变。其根源，是一种"压抑效应"。在社会上只占少数的人群在社会精英层面前容易低估自己。弱势群体会认为，自己的弱势地位是理所当然。看到优势群体的优势时会认为是本该如此，而不管这种优势是多么不公平。"从来如此！"她们会得出这样的结论。在实际工作中，这个结论又被一再验证。她们一开始就认为自己不该拿那么多，所以容易接受较低的收入。

3. 低收入者即使劳而不获也心甘情愿。常常付出了大量时间、知识和技能，最后一无所获。他们想也不想地去干一些没有分文报酬的活儿，对此太习以为常了，多半情况下，甚至意识不到扣去伙食费、交通费后这些工作几乎是无偿的。"有好几年，我工作得非常努力，比现在一点不差，就是什么也挣不到。当时我不明白为什么。现在我知道了，那是因为我几乎是在白干，自己还傻乎乎的，不明白为什么挣不到钱。"在工作报酬问题上丝毫不能含糊。有时

帮别人干活从不收取报酬,叹着气说:"我没好意思张口要钱。其实,老让我白干,我也挺烦的。"慷慨不已,必将形成恶性循环,把自己的价值贬得越来越低。

4.蹩脚的谈判者。要张口讲价钱,不论是要求加薪还是报价,总显得十分勉强。有的从未动过这些念头。在更多情况下是因为害怕而止步不前。"要是我多要点,惹得他们哈哈大笑怎么办?"知道自己报价低,但感到无可奈何。"我又没上过正规学校。你以为我是谁?可以要那么多!"即使对高收入者来说,张口要钱也不是件轻松的事。对每个收入层的人来说,张口要钱都不容易。高收入者也不愿意,但他们最后还是张了口,所以走到了现在这一步。他们是越怕,越要做。

5.嫌富爱贫。大多数人对钱都存有这样那样的误解。看法消极,特别是不喜欢有钱人。女性比男性成见深。认为有钱人贪婪、麻木不仁而且自觉高人一等。对富人的偏见:"我喜欢那些勤俭持家的人。他们比有钱人快乐得多。我小时候,有些朋友是富家子弟。这些有钱人表面上看去挺不错,其实并不自由,没多少乐趣。"持有这样偏见的人永远不会主动去追求经济上的成功。不仅瞧不起有钱人,更对想像中有钱人的花钱方式嗤之以鼻。"有钱人不幸福。你见过哪个有钱人过得快乐?我想没有!为什么?因为限制太多。"认为财富的代价太大。"我不知道自己是不是愿意承受那么多磨难,我看到的有钱人,都是整天管理啊、策划啊,对钱像是着了魔似的。我觉得挺没劲的,看不出有什么意思。"有讽刺意味的是,很少有谁比这些低收入者工作更辛苦、对钱更着魔。"穷人的问题在于,必须整天为钱而忙个不停。"

6.认为穷即高尚。对富人不屑一顾,但对清贫的生活却赞歌不辍。受我们这个社会传统的影响,许多人以清贫度日而自豪,似乎穷比富有更崇高、更值得尊敬。很多人认为,不仅有钱人不是好东西,钱本身也不是好东西。我们许多人曾真诚地相信，钱是肮脏的，物质主义是不好的，生活节俭才是美德。因此认为，能拒绝金钱的诱惑是一大进步。对于高收入者来说，贫穷毫无迷人之处，经过苦日子的人没有一个想再回到过去。"贫穷毫无浪漫可言，因为家里没钱，弟弟有病时，不得不到处拼命找医生。"钱只是工具，关键看你怎么用。你可以损人以利己，也可以用钱给社会做点贡献。你问我的钱够不够用？够用；想不想再多点？更好。

7. 有些低收入者属于轻微自毁型人格，自己跟自己捣乱。总是不自觉地朝自己前进的道路上扔各种各样的香蕉皮。比如，申请自己根本不够资格的工作，跟同事闹矛盾，工作拖拉，半途而废，不停地跳槽，总在快到目的地时戛然而止。共同特点是四处出击、精力分散、不专心。他们总是不断地、无休止地重复犯这些错误，直到有一天蓦然回首，才悔悟到自己干的那些蠢事。"我受过这么好的教育，为什么还挣这么少？我不敢要求增加工资，怕老板会大发雷霆。如果被提升，我会感到内心不安。好像拿了不该拿的。我会找出种种理由，不让自己成功。"总想找个替罪羊，也总盼望着会有个救世主。

"我的，我的，我的，我的……"如果加薪能像"海底总动员"里的海鸥那样理直气壮地说出来，也许我们就不用再为和老板谈判而烦恼，可事实是——老板是老鹰，我们是小鸡，加薪问题对员工是"理想主义"，对老板是"现实主义"。加薪，成了白领们心烦的一件事。能主动提出加薪要求者，心态积极；觉得自己付出很多，工作态度势必积极，但你对公司的贡献真的做得够多吗？你能用数据来证明你的付出吗？

为了我们的口袋更鼓一点，你提出加薪之前，要先考察市场。**老前辈们说"要搞清楚同行们挣多少"**，翻翻招聘信息，看自己的职位通常值多少，你就会对自己的工作所应取得的报酬有一个比较完整的概念。这会让你实实在在地了解，自己的水平在这个市场上到底值几文。如果你希望通过薪水来体现你的价值，你就要让老板明白你对公司的价值。你现在需要的是与老板面谈的适当机会。

首先不妨要老板评价自己的工作表现，您是否觉得我的表现超出了公司的期望？您是否满意于我对工作的投入？您觉得我在公司的未来发展中会有所作为吗？如果答案是肯定的，那么就可以以具体事件，摆出自己的成就了。千万不要给出具体的数字，他或许能给予本不敢奢望的惊喜，那不是更好吗？

老板们对这个问题不会喜欢，他们的回答也不会让人赏心悦目。薪金不能体现价值。你值吗？你"开源"为公司创造了多少财富？还是你"节流"为公司节省了多少开支？尽可能用数字证明自己的工作绩效或贡献。例如谈成了哪些项目，给公司带来的利润多少，为公司缩减了多少成本等等。在公司陷入困境时，如何做出成绩。例如在人力严重短缺的情况下完成了哪些项目，在设备不足老化的情况下完成了一笔单子，成功化解客户刁难维护公司形象等等。除非已经留了更好的出路，否则不要采取跳槽等威胁手段。如果你在公司属于不可或缺的精英，可以这个理由提出加薪。**胜算在于虽然没有人是不可取代的，但取代你的成本却可能超过为你加薪的成本。**

工作量加大，薪水没加。你不说我怎么知道你工作量加大了呢？我看你还是能胜任的嘛，完成得很好很轻松啊……记录下你额外的工作任务和占据的时间；工作量的增加，不一定就代表被委以重任，只有证明自己用更有创造力的方式承担了分外的工作，才能作为要求加薪的筹码。你要抱着多劳多得的思想鼓起勇气和老板开诚布公地谈一谈，即使加薪可能仍是遥远的梦，但老板可能会让你减轻一些工作负担，**至少，让老板注意到你在做额外的那些事情，让老板知道那个总埋在文件堆后的你的名字。**

进公司时就对薪资不满。当初你自己都接受了，怎么能埋怨我呢？如果老板不同意加薪，你应该和老板谈一下，是否能以其他方式来补偿，比如奖金、休假、交通费等等。**将加薪要求转化为要求公司给你提供职业发展的机会**，例如培训、转到更适合自己的工作岗位上、要求参与公司较大的项目或者未来发展计划等等，表明自己为公司服务的热忱。如果除了薪资，你对公司各方面都较满意，那就试图让自己在公司的作用更明显一点，跟老板谈薪的目的不仅仅着眼于工资单上的数字，更着眼于自己将来的发展。

收入与同事有差距。薪资的事情是双方事先谈好的，为什么当初不吭声，现在才埋怨？以这条理由谈加薪的危险系数较大，成功系数较低。可以尝试先提出加薪 5%，半年后再要求增加 5%；也可要求老板给予培训等其他条件"变相加薪"。**永远都不要说同事做得不如自己好，甚至干脆说同事做得不好**。以这条理由，第一表明你怀疑公司的薪资制度；第二表明你怀疑老板的决策。所以不妨先怀疑一下自己，为什么薪水低？如果是能力问题，再接再厉；如果是老板的问题，那你该走了。

大结局。如果老板给你的薪水让你哭笑不得，你应该提出走人，表明你是认真的。如果你的老板说不，不要马上溜走，如果他能明确地举出你的缺点来，那么一定要虚心记住，并努力改正。如果觉得他惟一的理由是他的吝啬的话，那么就只有辞职了，然后找个欣赏你的公司重新开始。

第十八篇　百万年薪的梦

如今国内一些职场经理人年收入可以达到百万，这种现象在未来几年还会愈演愈烈，到那时候年薪百万不是梦。要在一个行业积累起经验需要多年的努力，所以选择自己喜爱的行业，你才能始终如一地工作下去，就有更大的希望拿到高薪。

如今国内一些职场经理人年收入可以达到百万，这种现象在未来几年还会愈演愈烈，到那时候年薪百万不是梦。要在一个行业积累起经验需要多年的努力，所以选择自己喜爱的行业，你才能始终如一地工作下去，就有更大的希望拿到高薪。

谁能挣大钱？这里大钱的标准是年收入百万以上。根据一些资料显示，目前国内知名企业的经理厂长、外资银行主管、跨国公司或国际知名企业财务及市场总监等领域高产百万富翁，年收入可望达到甚至超过百万。

他们在最尖端领域"打工"，得到的是最顶尖收入。**从事收入颇丰的这些工作显然需要高学历、高智商、长久经验和必不可少的外语基础。**一位曾在某知名跨国公司担任市场总监的人士，在该公司工作长达9年，并已成为该公司市场部领军人物，后来被一家日资企业挖走出任中国区市场总监，开出的年薪高达百万元。

现在有个词儿叫"金领一族"，没有准确的定义，大约指年薪20万至100万的企业高级管理人员吧，再多就是企业主了。这帮人年龄基本在25岁至45岁之间，大多是"三资"企业的，也有国企的高层领导，以及规模较大的民营企业的人员。所在的行业大多是时下热火的"朝阳行业"。**只有聚集了大量资本并且能再生大量资本的地方，才能支付高额的薪金。**

有位昔日的机关处长在国家机关待久厌倦了，最终还是想尝试一下不依靠任何别的东西，只靠自己能力的生活。他真正的决心，是在蹦极时从顶上跃下的那一刹那下的：**当你还没有移到跳台前端的时候，你害怕、你恐惧、你犹豫，但是，一旦你移到前端那么一跃，你反而轻松了。**在下坠的时候，你居然还能从容地观览周围的风光，体验到一种战胜自己的快感。不仅仅是钱的问题，这意味着对人生设计的一个彻底的转换。在机关里不说别的，心里是安定的。而且说到底，心里对未来不可知的恐惧，那种不安全感是很困扰人的。要把这一切丢开去给人家打工，也许说辞就给辞了。但是他最终完成了从处长到外资企业总裁的角色转换。年收入从 3 万元一下跃过了 50 万元大关。

真是江山代有人才出。2000 年以前，能拿到百万年薪的人几乎都是外企高层管理者，主要是那些派驻中国的区域总裁。2000 年以后，一些民企、上市公司开始不惜重金，动辄以几十万上百万年薪招贤纳才，以致成了晚报的花边新闻。后来国企、科研机构甚至高校也加入该行列，百万年薪再次成为社会关注的焦点。随着企业竞争的不断加剧，一方面许多用人单位为挖掘到自己急需的人才，不惜大力提高薪酬、福利标准，有的甚至花巨额费用请猎头公司去海外挖才；另一方面，现在不少企业正处于二次创业时期，受各种原因所限，企业想再上台阶时遇到了阻力，这些明智的创业者就想到了"借脑"——花巨资从外面引进能把自己企业带进"第二个春天"的精英，拿百万年薪的人才便应运而生。比如在房地产界，要有人既能说会道，极善沟通和融资运作，又懂房产规划；既懂营销业务，又懂人事、开发管理；既熟悉房产、金融理论和法规政策，又有商海实战经验，有短时期内将所持楼盘彻底清盘的记录，那高薪就跑不了。

2002 年，长沙某企业以"百万年薪"招聘执行老总，结果应聘人员无一相中，后该企业的这一行为被指称为商业炒作。借"百万年薪"来吸引公众注意，以达到其他目的的案例决不是个别。但另一个问题不容忽视：企业以百万年薪招进人才后，要么企业难以兑现薪酬，要么应聘人员提前离职。

一般百万年薪中有基薪，但更多的是业绩考核工资，甚至还有股权。所以，享受百万报酬的"打工皇帝"们在受聘后，受聘企业都会给他们下达一定的考核指标，有市场占有率方面的，有企业核心竞争力提升方面的等等条款，到了年底，企业与这些"打工皇帝"逐条对账，及格了好说，如果没完成任务，就要根据比例扣薪。除了个人原因外，企业对待人才的态度和内部机制问

题也影响到百万年薪的兑现，遇到这种情况，应聘人员往往干不满一年就离职了，而离职的原因往往并非个人能力不足，而是因为薪酬远高于其他人，工作时处处受制，许多计划根本无法实施，最后只能黯然离职。

百万年薪现象是高级人才走俏的反映，这是一个好现象，说明国内企业开始重用人才了。**随着企业生存竞争的进一步加剧，这种现象在未来几年还会愈演愈烈，到那时候，不仅国企、民企 CEO 等高管们年薪百万，甚至一些业务一流、贡献大的中管年薪百万也不是梦。**近几年来，我国的经济持续快速发展，薪酬也会随之出现快速增长；随着企业国际化进程不断加快，企业对人才的需求量很大，而富有实战经验的市场总监、市场经理等中管人才会出现严重供不应求的局面。

目前我国人力资源市场在不断走向成熟，不同行业、各个层次的薪资水平初步形成了具有一定参考价值的市场定价，薪酬高低也越来越成为衡量人才直接而又客观的重要因素。与曲高和寡的百万级相比，年薪 10 万的人更多一些。北大 MBA 项目负责人向媒体宣布该校 MBA 就业平均年薪达 10 万元。对于一个刚走出校门的从业者而言，作为从平凡迈向成功的重要一步，10 万元年薪是个心理关口，更是他们奋斗的目标。

如今拿 10 万元的人有经纪人，从事中介服务工作并取得报酬，比如售楼先生、客户经理、汽车推销员等等，这些人的收入与业绩挂钩。中国有"艺不压身"的说法，拥有一技之长、专业水准"唯我独尊"的技术从业者，永远是高薪的青睐者。在众多的高新技术行业里知识的魅力、技术的含金量是无穷的。与前几年相比，高位高薪也不再是仅凭一个 MBA 就能换来的。但北大、清华等名校的 MBA 依然风光，10 万元年薪是他们自身实力的见证。在我国，企业对职业经理人的需求量越来越大，而由于各种市场因素的制约及地区差异，越是大型知名企业，越是经济发达地区，越是外企和发展较快的民营企业，职业经理人的收入越高。

据专家调查显示，现在 25 岁～35 岁年轻人的收入高于其他各年龄组。这些年轻的高薪族大多具有较高学历，从事证券、信息、通讯等新兴行业或就职于三资企业。与知识经济时代的要求相吻合，是一种必然趋势。

长期以来，我们的社会讲究的是论资排辈，体现在待遇上就是年龄大、职龄长的优于年龄小、职龄短的。这与封闭、保守的社会形态分不开。在那样的社会环境里，人们的命运预测度比较高：自己一辈子怎么过日子，自己大体知道。儿子的生活就是父辈的翻版。无论当工人、农民还是当干部，都是按部就班过日子，年复一年，变化不多。即便是通过读书改变了命运，但一毕业，其工作岗位、工资待遇就完全明确了，基本上没有多少选择余地和自主空间。在这样的背景下，知识、能力不会成为决定待遇的因素，而经验、资历却是提高生存境遇的资本。于是大家不愿意、也不太可能去打破某种平衡、主动创造奇迹，而是安于现状，以足够的耐心等待属于自己的机会。

当我们迈入开放背景下的知识经济时代时，社会生态逐步趋向协调、优化。一些以知识、科技为依托的新行业、新企业不断涌现，成为社会的亮点。这些行业或企业，对员工的学识、能力要求很高。同时用人机制灵活，给个人提供了极大的展露才华的空间，吸引了一大批富有知识和闯劲的年轻人。由于企业尊重他们的知识和创造，他们工作起来如鱼得水，同时也获得了与付出相称的高回报。

而从旧体制走过来的中老年人，由于年龄、知识、观念和思维的局限，在"优胜劣汰"的社会法则面前，未必是年轻人的对手。相比中老年人，年轻人有知识接受与转化快捷的优势，同时血气方刚，敢于挑战，敢于创新，锐不可当。因而，高学历的年轻人获得高报酬，成为社会的宠儿，也就顺理成章。

想拿高薪的人要记住：择业不难，但始终如一从事一门专业的工作却很难。有的人毕业几年，就换了好几种不同类型的工作。每一种工作都要构筑新的关系网，都要学习新的工作经验，结果搞得自己很累，最后一事无成。那些思想天马行空、兴趣多种多样的人最容易犯这个毛病。**事实上，要在一个行业构筑好牢固的关系网以及积累起丰富的经验，并不是一两年就能做好的，它需要几年甚至十几年的努力。所以如果在择业阶段，最好选择自己喜爱的行业，**因为，**有了喜爱你才能始终如一地工作下去，就有更大的希望拿到高薪。**高薪能增加你的收入，同时也意味着老板对你的重视。

高薪工作与自己爱好发生冲突如今已不稀罕，对那些年轻有为的职场新贵来说，仍然多数选择高薪。一位销售主管自称每年大部分时间都要出差，已经厌倦了这种整天陪着笑脸请客吃饭的生活，但不菲的收入又让他欲罢不能。在当今这个社会，没有钱是万万不能的。也只有一份高薪的工作，才能享受"尊贵"的生活。所以哪怕他并不喜欢眼前的工作，为了一家人能生活得好一点也依然会做下去。在工作难找的今天，能有份高薪的工作并不容易。哪怕自己不太喜欢，想想每月那厚厚的票子，也值得付出热忱和心血。

有了钱，更能让喜好变为现实。说句老实话，只要是工作，就没有什么能让人喜欢的。没有钱就难以维持爱好。所以，寻常人都只能拼命去寻找高薪工作，哪怕是自己不太喜欢的工作。因为工作才能让自己的喜好、愿望变为现实。对每一个人来说，生存都是第一位的，而生存的基本点就是钱。过去常说，有钱能使鬼推磨，这话听上去有点俗气。但仔细想想，我们既然生活在物质社会里，就难免需要钱。如果有高薪工作，一般人都无所谓喜欢不喜欢，先干起来再说。

爱好不能当饭吃，发展爱好还得钱做后盾。大多数人都不甚满意他们目前的工作，一说起工作都"咬牙切齿"，恨不得赶明儿就跟"老板"吵一架，辞工出来，做点自己喜欢的事。说是这样说，但雷打不动，还在那"流血流汗"

的工作岗位上坚持着。一语道破天机："工作是用来赚钱的，不是用来喜欢的，有几个人能找到自己真正喜欢的工作呢？"越是"高薪"的工作付出的就越多，但"高薪"是我们生存和发展的基础，有时候也是保证我们"喜好"的有力保障。所以，最好的办法就是找一份高薪的工作，工作之余维持一点自己的"喜好"，以"高薪"养"喜好"，二者或许才可兼得。

古希腊有个哲学家以磨镜片为生，别人问他为什么要磨镜片，他说哲学是他惟一的爱好也是他生命的全部，若是将它做为谋生的手段，岂不是连这个惟一也没了，那活着还有什么意思。当一个人将工作与兴趣爱好结合起来，也许会如鱼得水，但也可能两败俱伤。如鱼得水是因为他并不将此工作当作谋生的手段，只是喜欢这份工作罢了；当一个人把自己最喜欢的东西当成职业的话，我猜测结果多半如一个人馋一道菜，天天吃这道菜就会反胃了。将兴趣与爱好当作谋生手段，实在是得不偿失。距离产生美，毕竟工作是有强制性的、枯燥的，而兴趣爱好则是随性的、完全自我的，要想相互完全协调是一件很难的事。

第十九篇　我该学什么?

这是一个不断学习的年代，如果你不想成为被淘汰者，只有不断学习。不断学习意味着你的职场地位越加稳固。充电找准定位最重要，这将决定学习的方向。对于转行的人来说，先充电可以视作是为转行所做的准备工作。

这是一个不断学习的年代，如果你不想成为被淘汰者，只有不断学习。不断学习意味着你的职场地位越加稳固。充电找准定位最重要，这将决定学习的方向。对于转行的人来说，先充电可以视作是为转行所做的准备工作。

　　这是一个不断学习的年代。比尔·盖茨说："如果离开学校后不再持续学习，这个人一定会被淘汰！因为未来的新东西他全都不会。"管理学大师彼德·杜拉克也说："下一个社会与上一个社会最大的不同是，以前工作的开始是学习的结束，下一个社会则是工作开始就是学习的开始。"比尔·盖茨与彼德·杜拉克的说法都指向一个重点，也就是我们在学校所学到的知识只占20％，其余80％的知识是在我们踏出校门之后才开始学习的。一旦离开学校之后就不再学习，那么你只拥有20％的知识，在职场竞争丛林中注定要被淘汰。**翻遍所有成功人物的攀升轨迹，其中最重要的就是他们不断充电学习，为自己加值，职场人士想要站稳位子并获得升迁，不断充电就是迈向成功的不二法门。**

　　有台湾半导体教父之称的张忠谋说："我发现只有在工作前五年用得到大学与研究所学到的20％到30％，之后的工作生涯，直接用到的几乎等于零。"张忠谋强调，在职场的任何工作者，都必须养成学习的习惯。他自己在踏出校园时根本不认识 transistor（晶体管）这个词，这并非他无知，而是当时很少有人了解晶体管，可是不出几年，很多人都知道晶体管的存在，"可见知识是以很快的速度前进，如果无法与时俱进，只有等着失业的份！"现今就业竞争激烈，加上部分公司对员工实行末位淘汰，如果你不想成为被淘汰者，只有像张忠谋所说的，必须不断学习，才不会沦为失业者。

　　摩托罗拉总裁曾在演讲中强调学习与充电的重要性："你不断学习到的新东西远比你已经知道的东西重要很多（what you know is far less important than what you are learning.）。"一个人的成功与否，取决于你是否能保持学习的心态，而不是你的学历。同时，**不断地学习意味着你的专业技能更多样化、更深**

入，相对地，职场地位也愈稳固。

充电不是流行音乐，不能说因为它流行所以就要追。**功利而实在地说，充电是为给自己以后的生活打个好基础。你在什么样的单位工作？你以后打算在什么样的单位工作？这决定着你要选择的充电方式和充电目标。**假如你目前还年轻，工作不久，处在积累工作经验的头两年，选择一些能迅速提高能力的充电班，可能比较实际，比如一些外语班、电脑班，花费不多、见效又快。假如你是为了能在某一行业做得长久，那还是选择能有"名分"的充电方式比较好，比如读研究生、双学位、MBA、MPA 等等，念完就能带来直接的"效益"。如果你由于缺乏专业背景和正规培训，工作起来不够自信，那就应该选择一个与职业相关的专业，赶紧补补课，以补充自己的专业技能，尽快提升自己的价值，增加职场竞争力。

以当今社会的知识更新速度，那些曾在学校里学到的知识，经过四五年已经差不多就被淘汰掉了。现在国家也开始提倡"终身教育"。其实，职业生涯本身就是一个不断深造、不断积累、不断提升的过程。如果不学习，不接受新事物，不用最新出现的知识、技术武装自己，当新的技术普遍运用时，你就有可能最先被淘汰掉。职场上的任何一个人，要想在日新月异的行业中求得发展，求得生存，就必须主动来更新自己的知识结构，掌握最新的技能、技术，给自己职业的发展补充新鲜血液。更新知识结构，也是职场充电的原因之一。

理性的职场人，他们都会对自己的职业发展前景进行仔细、认真地规划，因此，对这些人来说，他们很清楚自己所走的每一步路。当他们看到自己在职业发展的过程中，处在一种稳定、徘徊的境地，取得的进步很小时，他们会提前为自己打算。选择的方式往往也是充电，以便使自己职业选择的道路更宽。同时，在职场选择中站在十字路口的人，也应该通过及时充电，找到适合自己的职业、岗位，走出职场的困惑期。

值得注意的是，很多人是因为缺乏职场安全感，才选择了充电。在变化不断的职场上，很多人即使已经身为高级主管仍没有安全感和归属感，甚至害怕总有一天会下台，更不要说人才市场上为数众多的中低端人才了。所以趁有机会时，读点书、报个班多攒些本钱，成了很多职场人的必要选择。俗话说艺多不压身，不如去充充电。虽说达不到十八般武艺全行的地步，但也得有几样拿手的。多几项技能掌握在手，你的老板肯定舍不得你走。即使因为考虑自己职业发展前景，想要跳槽或是升职，也不愁没有新的伯乐相中你。

职场充电，找准定位最重要。时刻关注自己所处的行业对人员技能和需求的改变，这将决定学习方向。认真分析一下这个领域对所需人才有什么样的标准和要求，诸如学历、工作经验、专业背景等等；与之相比，找出自己的长处和劣势。想要得到发展，就要随时按市场的要求调整自己的目标和充电方向，才能在济济人才中脱颖而出。例如随着我国经济与社会的发展，科学技术的进步，今后几年我国对高新技术人才、环境保护人才、国际经贸人才、律师人才、保险业精算师等有较大的需求。

充电一定要选使自己价值得到提升的专业或是学历。要通过充电看到自己真正学到了什么东西，什么东西能使"自我增值"达到最大化，如果仅仅是为了一张文凭，这种充电的想法是不可取的，也必然是非常不理性的。

上街购物有两种去向，一种是去大小百货齐全的百货商店，另一种是去品牌专卖的专卖店。职场与商场相似，也有"通才"与"专才"之说。以"见多识广"为最大卖点的"通才"教育在越来越多的地方受到了欢迎，最有代表性的是MBA教育。与此对应，以专一、精深为特色的"专才"队伍也同样崛起，像各类技术等级与资格证书。

"通才"是有良好底蕴的"杂家"。一位人力资源主管认为，从公司的角度，倾向于看他在大学里是否培养了一种好的学习习惯和学习方法，基础知识是否扎实，但同样重要的是看他是否有很强的自学能力和独立思考能力，知识面是否宽一些。"通才"必须是有着良好专业底蕴的"杂家"，企业更欢迎基础扎实而知识面更广的"通才"。不同类型的人搭配在一起，能够达到最佳的人力资源配置。**但具体到某个技术性职位，许多企业还是倾向于优先考虑"专才"，然后才是"通才"。**其实专才可能一直在某个领域发展，无论是专业知识、职业的稳定性，还是工作的效率方面可能都更有优势，适应工作更快。如果是公关性、协作性特点很强的工作以及人才的可塑性方面，多面手"通才"的优势肯定大于"专才"。

"通才"的优势可能是什么都能做，但换个角度来看，"通才"可能只是个"万金油"。什么都能做，但什么又都出不了彩。当然选择的余地大，工作机会自然就多，但烦恼也许会更多。这里干两年觉得不顺，马上又换个行业再从头开始，跳来跳去，最后还是找不到自己的定位。比较起来，那些认定一个方向，从基层干起，一步步积累经验的人，将来的职业发展可能更好。**"通才"得有个度，不能太过理想化。因为人的确可以有很广博的知识面，涉猎面宽，但在求职时最终起作用的，主要还是跟工作有关的那些技能。**有企业出十几万元年薪招技工，年薪几十万元招聘总厨等等，从这个角度而言，"专才"又是非常有用和吃香的。其实在很多企业，注重的还不是"通才、专才"的问题，更重视的是人的基本素质。"通才"也好，"专才"也罢，每个人的能力不同，机遇不同，性格也不同，应当根据这些条件，来选择自己的成才道路，不论走哪一条道，只要用心，都能获得事业成功。

另外，创造充电环境也很关键。尽管充电都选择在业余时间，但难保不会出现与工作相冲突的时候。要想顺利地完成充电而无后顾之忧，做好上司和自己家人的工作也很重要。找机会与上司谈谈，使其明白你想充实自己并且尽量不耽误工作。一般情况下，只要之前有过充分的沟通，一般上司是不会多加为难的。随着员工不断的发展，员工所在部门会对其发展前景进行必要的策划，甚至就某方面的专业知识、技能对他进行专门的充电培训。

以前人们求职更多的是注重高收入，眼下，更长远一些的因素开始越来越受到人们的关注：公司能不能提供正规的培训，使自己得以不断提升？也正因为如此，我们看到，在不少单位的招聘广告中，都把"培训机会"写在了显赫的位置上。随着信息时代新知识的膨胀性扩展，企业管理人员最终意识到，企业内部人力资源必须通过不断的开发，企业员工所具有的知识与技能才能完成再生及再利用，否则这种"易耗型资源"将会随时消耗殆尽。

事实上，在单位不能满足自己时，有心计的白领们早已自掏腰包开始接受"再教育"。工商管理、计算机、财务、英语等都是比较热门的项目，这类培训更多意义上被当作一种"补品"。在以后的职场冲浪中，这些培训将化作各种资格证书，在求职或跳槽时增加自己的"分量"，有时学历证书反倒排在了后头。

人才处于不断折旧中，而学习是防止人才折旧的最好方法。人才市场也随之出现了新的概念，由原来的高学历、高职称就是人才，转向"有需要才是人才"。未来社会只有两种人：一种是忙得要死的人，因为工作和学习；另外一种是找不到工作的人。来自人才市场的信息已表明，现在的人才市场对英语人才的需要已经由原先的纯英语人才转向更青睐法律英语、金融英语等复合型人才。单一型人才的地位眼看难保。

在职场中最常见的充电需求往往是面临职务转换之际，例如从行政工作转换成业务工作，工作性质完全变了样，从原本熟悉的领域进入一个全新领域，此刻惟有立即进行充电，才能胜任。充电有助于职位升迁并达到成功目标，但是当你想跳槽时，充电也会为你带来意想不到的效果，很多人选择重回校园或去上某些课程充电，但是却也有人选择很另类的方法，为自己充电，增加人脉。比如勤练高尔夫球，只要有空就往练习场或高尔夫球场跑，因为可以以高尔夫球为联谊谈生意。学习技能未必是有特定的目的，它可以内化成为个人的知识，遇到客户有共同的话题，就可以拉近彼此距离。

充电的理由看似各不相同，但是都有一个共同点，那就是：终极目标都是为了更好的将来。市场竞争越来越激烈，知识的折旧远比固定资产快得多，不断学习新知识是让自己处于职场优势的最佳途径。

G 小姐在某报社当了 3 年记者，虽然平时工作表现还不错，可是因为跟直接领导闹得有点僵，工作中总觉得磕磕绊绊，升迁的希望渺茫，跳槽到别家新闻单位的机会暂时也好像没有。对现状有点厌倦的她，想到了要换个环境干点别的。可自己新闻系出身，毕业后一直做记者，除了写新闻之外似乎没什么别的专长。想来想去发现，因为跑新闻的缘故，平常对人力资源领域接触比较多，多少熟悉一些人力资源管理的理论，也认识了一些人事经理，是不是可以改行进公司做人力资源呢？不过 G 小姐明白自己在这方面只是略懂皮毛，专业的知识知道得并不多，又没有工作经验，对公司的运作环境也比较陌生，要转行困难的确不少。思来想去想到了去进修 MBA，因为相比之下，MBA 的课程比较偏重企业实际的运作，念了应该能对企业的经营管理环境有一定的了解，且课程中也有一些是关于人力资源管理方面的，有了这个"敲门砖"，转行就有了资本。想归想，毕竟读 MBA 不是一笔小投资，况且读了究竟有没有用，谁也不敢打包票，还是犹豫不决。

像她一样的人为数不少，他们踏入了职场一段时期之后，因为种种原因发现不喜欢所在的行业、所从事的专业，或者有的人看到了其他更好的机会，而想改变原有的职业发展路线，转行进入新的行业。在这种情况下，如果没有专业知识基础，又缺乏工作经验，想要敲开新行业的大门，充电就被很多人当成是一种捷径。很多人认为，只要学了新行业所需的知识，拿到了一张有点分量

的证书，也就相当于找到了入行的钥匙。

对于有了一定工作经验的人来说，想要转行，而在新的行业又缺乏资本，**先充电可以视作是为转行所做的准备工作。**隔行如隔山，学了专业知识至少对这个领域就有了概念上的认识，但对于这种充电，应该有个正确的认识。充电常常只是学了专业知识，却并不能代表掌握了某个岗位的技能。譬如上文中的G小姐，假设她通过培训，系统地学习了人力资源方面的专业知识，然后拿到了该领域的证书，也只能说明她掌握了人力资源方面的专业知识，并不能证明G小姐掌握了所必须具备的技能。工作技能还是要通过工作实践才能逐渐掌握的。对于如今的用人单位来说，他们在招聘时会更看重应聘者的相关工作经历，因此充电并不一定能成为转行的跳板。

充电并不是转行的充分条件，只是一种准备，并不是能够帮助你直接跨越专业鸿沟的一块跳板，要想转行成功，还得做多方面的努力。对于那些已经在职场中奋斗了一些年头，在原先的岗位上已经升到一定职位的人来说，他们在转行过程中往往容易想当然，就是认为自己有了目前的资本，只要懂了新行业的专业知识，就可以直接转到新的行业做一官半职。其实不然，像上文中的G小姐，尽管她在报社积累了丰富的记者工作经验，可是若真要转行，即便她读了MBA，而且也有公司愿意给她机会，可能还是得从人力资源部门最基础的工作开始做起。这时她还必须闯过心态关，得放低姿态，而且很有可能得忍受比从前低得多的薪水，一点点开始熟悉新的专业和新的环境，建立在新行业的资本，如果她能够克服这些困难，或许可以试试看。更何况她本人究竟是否适合做人力资源，能否在人力资源的专业领域表现出色，并非取决于她懂得了这方面的专业知识，还要看她的个性、职业兴趣等各方面的因素。仅靠读MBA，恐怕希望不大。

第二十篇　越学越穷

要充电成本是不能不算的。具体如何充电还得细细思量，一不小心就会好事成了坏事，反而越学越穷。一定不能脱离个人的职业规划，不仅要认清自己，也要认清外界环境。洋证书和其他任何学习一样只是一种储备，而不能改变命运。

要充电成本是不能不算的。具体如何充电还得细细思量，一不小心就会好事成了坏事，反而越学越穷。一定不能脱离个人的职业规划，不仅要认清自己，也要认清外界环境。洋证书和其他任何学习一样只是一种储备，而不能改变命运。

　　多学点东西总是好事，但是结合个人职业生涯规划，要"充电"，有些成本还是不能不算的。尤其是选择那些要脱产、花费较多的"充电"时，还是得算算成本，看一看是不是划得来。这样的做法从合理使用个人资源的角度来说，还是必须的程序。

　　经济成本。经济上的成本就不用多说了，辛辛苦苦赚了几年的银子，要大把大把地扔进培训班，谁都会在投入和产出之间算一笔账。很多人在算这笔账时，常常是拿自己目前的收入，与"充电"成功后职业生涯跃上台阶后的收入相比较，看看是否有明显的增长。这种想法很多人都有，但其实可比性比较小。因为职场风云变幻，今天的"金领"很快就可能变为明日的蓝领，预期的收入增加常常会随着市场的变化而泡汤。在考虑"充电"的投入和产出时，要把眼光放远一些，不能太过机械。譬如近年来很多海归派刚从美国拿了MBA证书回国，薪水涨幅一时不太令人满意，可是或许度过了最初几年的适应期之后，MBA的优势就可能在更高的职位上得到发挥，到那时，就到了投入有产出的时候了。

　　每个人的财务状况不同，能够承受的"充电"费用也不一样。最好还是根据自己的收入状况选择费用合适的"充电"，如果投入超过自我承受能力，首先是会给生活带来问题，更重要的是会影响自己的心态。将来若一时难以收回投资，很容易产生后悔情绪。MBA在国内名噪一时，但高昂的学费与毕业后相对低廉的起薪已经让很多人产生了失落情绪。我认识的一位朋友调侃自己："真是越学越穷！"他读之前月薪五千，读后起薪两千。

时间成本。时间成本是制订每个"充电"计划都需要考虑的。**最重要的是，如果在某个时间点上选择了一个不适合自己发展的"充电"计划，就可能陷入"连锁"浪费时间的窘境。**先是浪费了很多时间来上课，接着可能要花时间来准备考证，因为不考证似乎对不起自己花掉的这么长时间，拿了证书之后又要花大量的精力来收集相关的职业信息，看有没有可能试着找对口的工作。假设最后发现这条路根本是走不通的，那就只能暂时把这段"充电"经历束之高阁，谁也不希望如此。

机会成本。经济成本和时间成本是比较容易预期的，而"充电"所花费的机会成本往往一时很难看清楚。假设你现在是一位小有成就的销售主管，打算辞去工作出国"充电"，这个决定至少给你这段时间的职业发展带来以下的问题，这些也都是成本：

首先，有 2 到 3 年时间疏离了工作岗位，离开了实践操作的平台，这就意味着，你可能会因为脱离了实际的操作而对行业产生陌生感，将来再回到岗位上可能需要花费一些时日才能重新熟悉工作；

其次放弃了工作，也就放弃了在这个岗位上的发展机会。兴许现在已经是该公司的销售总监了，薪水肯定会有所增加；

最后，离开了熟悉的环境，也就疏离了原先积累起来的人脉圈，包括在业内"混得脸熟"的种种可支配资源。

经济、时间、机会，这样一算在国外读 MBA 所花费的成本，还真是不少。对每个职场人来说，每个人的发展目标不同，每个人都处在不同的职业生涯发展阶段，如何"充电"还得细细思量，一不小心，就会掉进"充电"的误区，好事反成了坏事。**尤其是专业方面的培训，如学习新的管理方法、技术等，常常是个人为提高自己的专业水准或业务能力而进行，因而一般也是由个人自己制定方案，常常与所从事的行业、职业有更加密切的关系，如果把握不**

好方向，就可能陷入误区，反而不利于个人发展。

很多人都有这样的想法，就是"多一个证书没坏处"，所以市场上流行什么，什么证书最吃香，他就学什么，拿了一大堆的证书，似乎什么都能干，竞争力增强了。其实不然，这种想法的表现，就是不管自己需不需要，先学完拿了证书再说。我觉得这样的"充电"对个人来说不仅是金钱和时间上的损失，更关键的是很容易把自己的职业观念引入歧路。

首先，有一大堆不成体系的证书之后，就会觉得自己已经是个"通才"了，什么都能干，但到底自己最擅长什么，干哪一行最好呢？自己会很迷茫。更进一步来说，如果因为自己拿了某张证书就去从事某一方面的工作，而不管它是否真的适合自己，那损失的就是自己职业生涯的好几年时间；其次，去求职的时候，用人单位看到你的一大堆证书也会很迷茫，比如你既有文秘专业、机械设计专业的证书，还有 MBA 的单科结业证，可能还有其他一些短期培训的证书，但说到与专业对口的工作经验，又似乎都很缺。用人单位据此可能会认为你缺乏明确的职业发展目标，没有选择能力，反而对求职不利。

"充电"的方向是对的，可是却在一个错误的时间点上来进行，结果同样是事倍功半。 这也是人们常常犯的毛病。有个年轻人刚毕业工作一年多，职位是公司的行政管理助理。他发觉自己很喜欢做管理工作，但就目前的情况看，职业要有所提升，似乎还欠火候，另外自己管理方面的知识也很欠缺。于是他想去读 MBA 进修班，因为这似乎是成功人士的必修课。待到出了一笔不菲的学费，"牺牲"了双休日坐在课堂里却感觉很差。一方面身边的同学看起来平均年龄都比自己要大，无论是职位、阅历都远胜于他，不少人都是开车来上课；另一方面，虽说自己在工作上得心应手，可真的坐到课堂里听老师讲企业战略、并购重组，觉得离自己的生活很遥远，上课常常提不起兴致。

这位想朝管理方面发展，"进补"企业管理知识的大方向是对的，关键是选择的"充电"计划在时间上不太恰当。不如等自己工作至少三四年后，工作经验相对丰富，职位也有了提升，且职业发展的方向更加明确时，再读 MBA 学位对自己的发展更有好处。现在虽然也能学到一点东西，对发展有所帮助，但 MBA 知识的优势发挥空间不大。合适的"充电"，选在不合适的时机，也是一个误区，不仅增加了投资成本，还浪费了时间，本来这段时间可以用在"刀刃"上的。

特别是参加专业培训更要慎重。经过一段时间的火热充电后，相当一部分人突然意识到，不但当初的各种承诺没有兑现，自己反而陷入了怪圈。像北京的 IT 培训市场前一阵子很火爆，各类广告竞相描述诱人的就业前景，什么外企抢聘月薪上万等。一些外地青年不惜辞职来到北京，想进一步深造自己的计算机专业寻求更大发展。付出时间和学费后，虽然学到了一些东西，但是 IT 行业惨淡的就业现实却是他们事先万万没有料到的。据说很多软件工程师培训班结业的人并没有机会从事相关的工作，高额买到的培训证书成了摆设，甚至只能去做保险、销售等与 IT 丝毫不靠边的工作。这些人离乡背井、辞去工作，甚至负债来京充电培训的人不得不和那些漫无目的来此寻梦的人们一样成了"北漂"一族，花光积蓄后再去辛苦谋生，在无奈之余还徒增了一种"没有学问无颜见爹娘的"的歉疚。

类似例子不胜枚举。同声翻译行业人才稀缺，一些外语培训机构就在招生广告中许诺"一年实现同翻梦想"。其实，一个语言基础一般的人，经过一年的非专业训练就想从事同声传译，无异于天方夜谭。

在决定接受何种职业培训时，一定不能脱离个人的职业规划，不仅要认清自己，也要认清外界环境。参加计算机培训值不值？不仅要看计算机行业热门与否，还要看个人是否有能力脱颖而出。比如 linux 在录取学员时，要进行一项逻辑思维方面的测试，筛选出具备发展潜质的学员。对于那些在数学和逻辑

方面不占优势，却因为计算机热门而想投身其中的学员，有必要先作一个自我分析：你的优势何在，凭什么立足？

考察培训项目的含金量，不能盲目地以三年前的情况为标准或受广告渲染诱导，给自己以准确的市场定位才是最重要的。首先要目标清楚，在明确自己职业发展定位和目标的基础上，选择对目前的工作或者一段时间内的职业发展目标有帮助的"充电"。明确了自己的职业定位后，再分析就自己目前现有的专业基础、工作经验而言，达到这个目标还有哪些方面的差距，如果有专业上的不足，或是技能上不够，这就是自己急需"充电"的内容。这样一来，"充电"的方向就不难确定了。

"充电"要发挥最大效能，还得注意个人职业发展的时机。 譬如刚刚工作两年，想要借"充电"来转行，目前还有充裕的时间，而如果已经工作 10 年之久，职业风格已经基本定型，年龄上没有了优势，企业也不太会欢迎。这时再下决心"充电"转行，恐怕就很难达到预期的目标。

另外一方面，还得注意市场的行情变化。比如某个行业内的资格证书，常常会出现一段时期内某些证书吃香，而另外一些逐渐冷落，不那么受市场欢迎的情况。曾经有一段时间，微软的认证证书非常受 IT 企业信赖，持有微软认证的人在求职中往往有更多的机会。IT 人把握住这个市场契机来"充电"，相信对他们的职业生涯有帮助。

"充电"不能急功近利，最好是量力而行、循序渐进。好比在没有学过最基本的人力资源管理知识，也没有工作实践的情况下，按照先易后难、循序渐进的方法，先掌握人力资源助理层面的专业知识是比较明智的。通过一段时间的工作实践，加深了对人力资源工作的理解之后，再有步骤地进行更高层次的培训，如针对人力资源经理的培训等。

虽说众多职场人士充电是自愿的，也很有热情和决心，可毕竟离开学校已经很多年，要想再拿起书本，应对做题、考试，实际操作起来还是有一定的难度，而且记忆力、精力都不如从前了，刚开始还真有点儿不适应。除非你是全职充电，否则，处理学习与工作的矛盾就会不可避免地摆在你的面前。一方面，你要努力做好自己的工作，另一方面，又要安排好时间去上课，有时候只能舍弃一头。要是平时经常加班，有时候就不得不放弃上课，先把公司的事处理好。以至于充电者往往都又忙又累，身体处于亚健康状态。

对于刚参加工作不久的年轻人来讲，充电是必要的，但要结合自身的实际情况。在缺乏经验的头两年，应选择一些能迅速提高技能水平的资格认证培训，比如，外语等级考试培训、计算机资格认证培训等，花费不多，见效快，还能帮助你在最短的时间内获得实用的工作技能，为未来的职业发展奠定基础。

职场爬坡时，洋证书究竟灵不灵？不少洋证书教的、学的感觉都不错，但却没有取得"立竿见影"的效果。目前在很多企业内部洋证书没有形成与职称考试等一样的职务和工资晋升制度，这些因素决定了持有人未必会在短期内取得"立竿见影"的效果，但是证书将会随着时间不断增值，其价值也将显现出来。同一行业、不同性质的企业对洋证书的认可程度各不相同，不同专业的洋证书分量也不尽相同。技术性专业的洋证书在求职时更有帮助。特别是IT领域的"硬通货"微软、思科等证书持有人不少，但由于含金量高，又不容易造假，每隔二三年还要不断升级，所以在求职时很有"分量"。在人力资源管理等行政领域，是不是持有洋证书就显得不那么重要了。

洋证书的最大魅力在于权威性和通用性，有的洋证书更是出国留学和工作的"红派司"。在国内，三资企业的外方管理人员，对国内的一些考试和认证知之甚少，往往也依据洋证书认定人才的能力和执业资格，无疑增添了洋证书的含金量。因此有不少洋证书机构是以"圈钱"为目的，说是"国际承认"，实际上只是所在国或某个区域认可；称自己的考试是"学位考试"、"文凭考试"，事实上只是专业方面的证书；有的培训与就业指导脱钩。因此选择洋证书时，一方面应对颁证机构的资质、证书的层次、课程内容质量等了解清楚；另一方面，也要调整好心态，洋证书和其他任何学习一样，只是一种储备，而不是改变命运的东西。

第二十一篇　生存的危机

按照学校的教育所坚持的东西对自己的职场生存未必有帮助。过分依赖工作能力会影响我们有效地融入到团队之中。如果你处理不好与周围的关系，你离卷铺盖的日子就不远了。要想不被开掉，最直接的办法是做出工作业绩来，并让人知道，自己是靠本事保住了位子。

按照学校的教育所坚持的东西对自己的职场生存未必有帮助。过分依赖工作能力会影响我们有效地融入到团队之中。如果你处理不好与周围的关系，你离卷铺盖的日子就不远了。要想不被开掉，最直接的办法是做出工作业绩来，并让人知道，自己是靠本事保住了位子。

大学毕业后第一份工作持续了将近两年时间，说没就没了，虽然一再安慰自己说，公司的这次裁员并不仅仅是自己所在的部门。反思过去，自己不是一直按照学校的教育坚持着一些东西吗？为什么同一部门里一些能力、学历都不如自己的人反而毫发无损地留了下来？难道这样的坚持对自己的职场生存竟然没有帮助？

当我拖着沉重的步伐，抱着自己不太多的家当晃晃悠悠迈出那栋写字楼大门的时候，忽然有了无穷的懊悔。虽然对公司已是毫无留恋，但如果一开始我能在一些地方留意的话，也许就不会出现今天的这一幕。冬日的寒风卷起地上的废纸，很是寂寥。

再后来我又换了几家公司，现在又回到办公室里。想起当年的感受，我的忠告是：

1. **不要轻视你所在的公司，即使你清楚地知道这家公司有许多做得不妥当的地方。**即使你脑子里面有很多关于改进公司办事方法的想法，也要用适当的方式说出来，老板叫你说你要说得巧妙，因为你的满腔热情在老板眼里有可能变成你对公司不满的证据。你的主要职责是好好打工，做好自己分内的事。在职场，每个人情况不一，同样的事情，别人做了无所谓，但对你来说就可能意味着灭顶之灾。尽管大家同在一间办公室里，薪资水平差不多。但是，你必须认识到，你只能在自己的位置上做事或犯错，突破了这一界限，就意味着你"不适合"了，你的处境就会很危险。

2. **不要轻易相信你的同事，即使你的同事天天和你在一起对你微笑。**我到现在都不知道是谁对我的上司和老板打小报告，说我傲气，工作上难以配合。其实我不是骄傲，我是对陌生的环境和陌生的人笑不出来，不想为陌生人浪费我周末的时间参加公司活动。

3. 不要迟到，特别是在那些不打卡的公司更不要迟到。我被人告状的罪状之一就是我上班有时候迟到。在有制度的公司，迟到多久就扣多少工资是有章可循的，没有人叽叽歪歪，因为大家都知道会有扣工资的惩罚在等着你；**但是在没有制度的公司就要靠人说话了，即使你只迟到了5分钟，只有一两次，也会被夸张被扭曲，而且你还没有解释和申辩的权利，因为你没有证据，而且你没有因此受到惩罚，所以你必须接受工作不认真的结论。**

4. 不要以为上司会像朋友一样觉得吵架是一种另类的沟通手段。当他给你的工作压力过大、做不完时，你除了加班之外别无选择，千万不要向他表示不满，因为他极有可能是一个睚眦必报的小人。最可悲的就是，你加了班完成了工作，但就因为你与之争吵而被上司视为眼中钉肉中刺。到了这一步，就算上司的上司想留你也没用了，因为你的上司可以在一个星期之内把你变成废人。

5. 当然，一生中干一次对老板或者上司拍桌子的事情是有必要的，不然这辈子老是老老实实打工多没意思啊。你不失业就不知道你的生活有多么无趣，偶尔的生活困顿一下则有益于今后珍惜生活中原有的而我们却不以为意的东西，比如亲情。但是不能老是干这样的事情，因为天下乌鸦一般黑，不可能老板给你工资还要忍受你的脾气，到哪里都一样的。

6. 尽量爱你的工作，把工作当成自己生活的一部分，因此尽量使自己工作的8个小时过得开心一些，这样才会出成绩。

我们必须清楚的是，任何一个职场所能提供的环境和资源都是受到一定限制的，这就表明，无论是谁都只能在一定的空间范围内活动。虽然我们在职场

中坚持一些东西是一种可贵的品质，但是，值得我们反思的是，自己的那份坚持是否有时是过分"坚韧与执著"呢？**工作能力固然是为企业创造价值的必要条件，但过分依赖这份能力而忽视其他包括宽容、接纳，甚至是适当的放弃，恐怕会影响我们真正有效地融入到团队之中。**在当前的职场中，只有团队的活力与其贡献的价值大于团队成员个体活力和价值简单相加的情况下，才有可能真正为企业的发展提供持续的动力。另外，从个人的职业成长角度来看，碰到问题或挫折的时候，尽量少一些对周边人和事的无谓抱怨。要想让河对面那座山真正在你身边，你只能卷起裤管，趟过面前这条河走过去。

员工的能力水平和学历高低固然是企业评价员工的重要因素，但企业对员工去留抉择考虑更多的是该员工的综合表现，是否"适合"企业的当下状况。所以，**首先从心态上有必要进行适度的调整，然后对自己过往在工作中的综合表现做一些理性的反思。**绝大多数老板都喜欢这样的雇员：听从指挥但不是唯唯诺诺，遵守纪律但有自己的主见和思想，忠诚老实但不是机械愚笨，技能过人但不高傲自大。但如果你有下面这些缺点，那可得留神饭碗了——把自己置于上司之上。老板是善于把各方能人组织在自己旗下的管理者，但他并不见得是业务上的高手。如果你在业务上真比老板有能耐也别自恃傲物，对老板指手画脚，以为公司离了你就玩不转了。那样的话，老板就非得试试，看没有你到底行不行。

工作效率太低。虽然你整天在忙而没有一刻停歇，有时还不得不加班加点，给人一种勤勤恳恳的印象，但是工作效率太低，别人用三个小时能干完的活你却用了六个小时，那实际上是同样的工作你比别人要多耗费一倍的资源。老板自然会想：我为什么不雇一个花六个小时能干出你12个小时活的人呢？

缺少敬业精神。在工作上没有积极主动的态度，总是觉得这是在给老板干活，过一天算一天，老板在场就做做样子，老板不在场就偷懒磨洋工，和老板劲不往一处使，不为公司的利益着想，没把公司当成自己的家，对分外的工作多一点也不肯干。这样，老板在提拔员工时自然就不会想到你，而在公司裁员时往往会最先把你裁掉。

位置无足轻重。公司的经营状况总是在不断变化的，如果你的工作可以被别人替代而你又不思变革，最终你会在公司里变成一个无足轻重的人。既然有你没你都一样，而你又不是老板的二舅或者三姨，他凭什么要留着你多发一份工钱呢。

不能适应环境。**如果你在一个工作环境里处理不好与周围同事之间、上下级之间、公私之间、分内分外之间的关系，有经验教训也不能与别人交流沟通，你就会变得与环境格格不入。除非你手里握有让老板不能不留你的王牌，否则你离卷铺盖的日子就不远了。**

美国全国广播公司的纪实秀电视节目《学徒》的舞台是我们每一个人都熟悉的、无处不在的办公室，参赛者组成团队进行商业项目，输掉的一方中会有一位对团队最没贡献的成员被"炒掉"。参赛者们既要在比赛中与团队里的每一个成员密切合作，在短时间内完成一个个近似不可能的销售目标，又不免在项目失败时勾心斗角，学会如何保全自己而让别人被开出局。在做艺术品销售的一集节目里被炒掉的是一个女孩，尽管是她卖出了组里惟一一幅作品，但其他队员认为她态度不够积极，在所有人都在为实现目标争分夺秒工作时，她却坚持要在一个餐馆吃上两个小时的午餐。而且在大家都在忙着推销产品时，她在却跑到门外去和小孩子们打球。整个团队对她的不满由来已久，她能坚持到现在已经是个奇迹。主持人对她的评价是："她总是认为自己比别人聪明。"

要想不被开掉，最直接的办法是做出工作业绩来，靠本事保住位子。这里又有个重要的问题：小心被上司或同事抢了你的功劳。无论大小公司，总会有自己的顶头上司，除非做自己的老板。跟上司是铁哥们、铁姐妹也还罢了。如果是初进公司的菜鸟，公司人事还不很通，学历耀眼三分，还有比较突出的工作能力。心胸豁达的上司认为自己是可用之材，高兴还来不及；小心眼的上司却对工作突出的下属耿耿于怀，怕这些毛头部属一不小心"功高盖主"，抢了自己的风头，妨碍了升职的进度。这时不是菜鸟们忌惮顶头上司，而是他们被忌惮。小心眼上司的最大特征，是将他人业绩揽到自己头上，还时不时使个绊子。最怕的是业绩被抢，完成工作的成就感刹时灰飞烟灭，个人在公司里的价值似乎也荡然无存。

小郑工作一年多，进入一家刚成立的软件公司做客户。几个月做下来，感觉自己简直就是巨石下的小草，在重压下拼命挺直身子，在公司里挣扎着活命。主要原因就是自己做成的客户，汇报到老板那里都变成顶头上司的业绩。顶头上司是凭借曾经骄人的工作经历被招进公司直接做的客户总监，仅比小郑早进公司几个月，本人一直业绩平平，而老板完全不知道这其中小郑的成绩。如果不是就业形势不乐观，他可能已经开始寻找下家公司了。

类似情况的职场人士有很多，尤其是在那种管理还未踏上正轨的小公司打工，大多数人都是忍气吞声或是一跳了之。很少有人去和对自己不平等的遭遇做抗争，最后遂了黑心上司的愿，为他们的职业经历又加了一笔"财富"，自己风餐露宿继续找工作。

忍气吞声固然是职场中人棱角磨圆的表现，但胆气确是职业成功不可或缺的要素。放任抢你业绩的上司继续压榨后来人，或是在将来的公司你的上司又一贯抢你的业绩，你又能跳槽到何时呢？**最经济的办法就是不动声色地抗争，利用和老板直接对话的机会汇报自己的工作，多提对公司发展有价值的建议。**无论职位高低，所有的员工都是在给老板打工；所有的老板都希望员工忠诚于自己。**无论职务高低，人际关系都具有非常重要的作用；随着职务的晋升，技术的重要性是逐渐下降的，观念的重要性则明显增加。**

你应该问一问你自己：哪个更重要？是把这个单子付诸实施，还是独自拥有荣誉？这是一个复杂的问题，什么时候应该理直气壮地理论"冒用他人功劳"的问题，什么时候又应该做出一些牺牲呢？在做出决定时，应该考虑一下，要打这场"官司"得花费多少精力。在某些情况下，比如你正要接受一次重要的提升，要付出大量的时间和精力；或者除了"原则问题"之外其他并无妨碍，而要证明所有权只能使你疲惫不堪……也许还会让你的上级生气，让他们纳闷你为什么不能用你的时间来做点更有意义的事情。在这些情况下退出争夺战显然是明智之举，是上上之策。

同时你必须明白，**工作出色但没有什么人知道，会大大减少你在企业内外的就业升迁机会。**有机会在公司高层面前表示意见和做口头报告时，应多做些准备工作，适当展现自己的能力。在企业外则应把握演说机会，让公司以外的人认识你。

第二十二篇　职场：不进则退

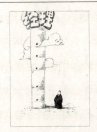

你要想在职场中成功，就必须争取不断升迁，这样才会有前途。你得把你的工作和升职大计结合起来，而且要保证大家对你产生认同。没有发展空间的升职未必有利于你的职业规划，要保持平和的生活和工作心态，对于负面影响要有足够的心理准备。

你要想在职场中成功，就必须争取不断升迁，这样才会有前途。你得把你的工作和升职大计结合起来，而且要保证大家对你产生认同。没有发展空间的升职未必有利于你的职业规划，要保持平和的生活和工作心态，对于负面影响要有足够的心理准备。

国内知名的投资公司东方集团总裁张宏伟，是从一个"民工头儿"开始打下了他现在的事业基础。1978年，张宏伟带领90名民工来到哈尔滨市搞工程建筑的承包。对这群除了一封乡政府开的介绍信和700多元钱以外一无所有的农民来说，想要在哈尔滨找到一份工作真是比登天要难。张宏伟费尽了周折，想尽了无数的办法，最后终于以干不好不要钱的条件，才接下了自己第一个工程——一个酱菜厂工程的一小部分。为了信守自己的承诺，更是为了以后能够接到更大、更多的工程，施工队日夜苦战，只用3天就把规定15天的活儿高质量地完成了。厂主见他们干得十分漂亮，又把余下的工程交给了他们。就这样，张宏伟的施工以高质量、高速度在哈尔滨创出了自己的名声。

1983年，张宏伟接下了一个大工程——黑龙江省检察院、商检局15层联合办公大楼。这座楼当时是哈尔滨的第二座高楼，张宏伟以7天一层楼的速度完成了这项工程，他的名声不但震惊了哈尔滨，而且还被《人民日报》称为"内地的深圳速度"。就这样，张宏伟确立了自己在哈尔滨建筑界的地位，在1984年组织建立了哈尔滨市东方建筑公司，开始了他在商业海洋中的搏击。

中小企业要想在与大企业激烈的竞争中求得生存、促进发展，就只能依靠好的产品好的服务，不断地锻炼自己的真工夫，仅凭借胆识把握机会是远远不够的，即使赢得了一桶金子，恐怕也难以持续地发展。同理，个人在职场中的升迁也是这个道理。你要想成功，就必须争取不断升迁，这样才会有前途。

但升职空间不仅仅存在于你任职的企业，更在于你的眼里、心里和手里。你有幸进入了一家大公司，你会深深体会到这里"宫门深似海"。辛辛苦苦谋到一个经理，一查公司架构表，即使是自己的上司，离最高层的位置还有若干个阶梯。在这种情况下，有尽快升职的捷径吗？如果你进入的是一家超常规发展的民营小企业，你的工作岗位甚至几天内都会变。

任 Adobe（奥多比）公司大中华区经理的皮卓丁，没有任何海外留学和工作经验，却成为在 IT 跨国公司任职大中华区经理的本土职业经理第一人。皮卓丁还曾经在联想、莲花软件公司工作过，但在那里，他也同样幸运。在得到天上馅饼砸头之前，准备是不可缺少的一环。

皮卓丁最初是联想的一名技术人员。某次公司组织了一次演讲比赛。所有人都是独自一人上去讲，只有包括皮卓丁在内的研发中心的四名经理别出心裁，以联合演讲的形式，来告诉大家团队合作的重要性。这使领导们立刻熟记了他们的名字，后来得到重用也自然在情理之中了。

任职莲花时，皮卓丁自知英语能力是自己的短处，就自觉报班学习英语。就在开始学习的几个月后等来了一次升职机会。有人提出异议："他连英语都不会说，以后怎样与人交流！"皮卓丁毫不含糊："三个月后你再来，我一定让你刮目相看！"几个月后，当皮卓丁操着流利的英文与之对话时，总监惊讶得无话可说。皮卓丁说："幸好我提早有所准备，否则我再聪明，也来不及'临时抱佛脚'了。"

在 Adobe，以前并无大中华区经理职位，是皮卓丁说服其老板专设了此位置。最初，Adobe 总部认为：内地与香港、台湾的体制不同，当时并未点头。尔后，一次在香港的亚洲区培训中，总部的人亲眼看到了皮卓丁在与员工的沟通上，及对不同市场的深刻洞察力与理解力上具有国际化的思想，就完全打消了疑虑，皮卓丁如愿成为大中华区经理。

目前中国众多民营企业超常规发展，在这样的企业中，甚至每一天都会有新的机会，但并不是每个人都会抓住这样的机会。因为中国民营企业发展的过

程中，管理不规范的地方太多了，人治的成分也太大，在这时会有太多的人认为自己不值得留下来；或者认为值得留下来却无法适应这里，因为他们会把企业发展初期的这种不规范，不假思索地和企业未来的前途联系起来，认为这样的企业没有什么前途，但其实这几乎是每个企业初创时期的必经阶段。

有位民营企业的销售总监回忆刚进公司时的情景："根本没人理我们，我们关在一个房子里看了5天录像，算是入职培训，录像的内容就是老板平时开会时的讲话和一些技术培训，全都是广东话讲的，新进员工很多都听不懂，当时很痛苦。"就是在这种痛苦中，他看清了这是一家有技术也有市场前景的企业，在这里一定会有机会。所以经受住了磨难，一步步获得了后来的荣誉和鲜花。

企业的高层管理人员中有相当大一部分来自企业内部。只要积极准备，晋升的机会就有可能垂青于你。**别老是在电脑前埋头苦干。你得想想点子，怎样把你目前的工作和升职大计结合起来，而且要保证你的曝光率。**在例会中多发言，多参加多人协作的项目，当人们的视野之中总有你的影子时，你的工作才更有价值。当然，当别人都不愿意碰的"硬骨头"出现时，谁自动请缨，将来升职的很可能就是他（她）。快速成长的经理人一定会有下面四个特质：

1. 了解企业的文化，清楚形势。在企业任职，**如果你只坐在电脑面前管自己的事情，机会将永远不会找到你。**特别是在大公司，除了技术管理，它还倚重文化管理。如果是一家发展中的小公司，不了解文化更不会有你的升职空间。领导大概可以分这么两种：一种是希望你提出升迁的请求，因为这表明你愿承担更多的责任，为单位做更多的贡献，说明你不甘寂寞；另一种是不希望你提出这种要求，只要求你好好干活就行了，野心太大的不要。所以，如果你想往上走，首先要弄清的是你们公司属于哪种情况，假如你的领导是前一种，那你勇往直前即可；如果是后一种，就要三思而后行，是提出升迁的要求还是另谋高就。

2. 自愿承担艰巨的任务。公司的每个部门和每个岗位都有自己的部门及岗位职责，但总有一些突发事件无法明确地划分到部门或个人，而这些事情往往还都是比较紧急或重要的。如果你是一名合格的管理者，就应该从维护公司利益的角度出发，积极去处理这些事情。

如果这是一件艰巨的任务，你就更应该主动去承担。不论事情成败与否，这种迎难而上的精神也会让大家对你产生认同。另外，承担艰巨的任务是锻炼你能力的难得机会，长此以往，你的能力和经验会迅速提升。在完成这些艰巨任务的过程中，你有时会感到很痛苦，但痛苦只会让你成熟。

3. 建立良好的人际关系，和上司沟通。个人的成功往往和其所处的团队是分不开的。积极健康的人际关系，愉快的工作环境，能有效地促进你工作的发展和你的成功。具有合作精神、轻松愉快地与他人交谈，和谐地与人相处，往往是你广结良缘，或成为团体领导者的先决条件。

任何人都不可能没有朋友，因此有头脑的职场人总是想方设法网罗一帮"弟兄"。这些人中既要有工作中的同事，也要有工作以外的朋友。只有这样，你才有可能迅速掌握有关升职的信息。当然，行贿是万不可行的，因为这不仅违法，而且也对升职不利。不过，"一个好汉三个帮"，没有关系网确实寸步难行。

一家大型公司里的副总经理在介绍自己升职的秘诀时说，以前他都是在家里吃早餐，可是某一天他很偶然地去饮早茶，在那里碰到他们公司里的老总，并且获得一个重要信息：老总天天都去那间茶楼饮早茶。于是他就变偶然为必然，全盘接受了老总的习惯。不久，他们就成为好朋友，老总也逐渐认识到他是一个难得的人才，结果在一年之内他就被提为副总。

想升迁，要找领导谈。但是找谁谈、怎么谈，是个很有技巧的事情。至少找你的顶头上司不太合适，因为他的第一个反应可能就是"想顶替我啊?"你最好去找主管明年聘任工作的头儿，告诉他你的想法。这样，在规划明年的职位变动时，他会把你的想法考虑进去，如果你符合条件，你就有了机会。

当然，你可以表明自己想多工作、多努力、想给自己提出更高要求的想法，但不要把现任领导贬损一通，千万千万不能这么做，那只能说明你人际关系有问题，而一般来说，人际关系有问题的人是不大适合做管理工作的，因为管理的主要对象还是人。

4. 提出问题的解决方案。作为一名管理者，你必须始终以管理者的眼光观察部门公司所发生的事情，并及时将发现的问题归纳总结，向公司领导提出管理建议。假如你具备升迁的资格，一定要做好明年的总体计划。一份详尽、有独到见解又具有可操作性的计划书是你"升官"最好的敲门砖，值得花大心思。这份计划书大概包括你对你即将任职部门的认识、你的业务思路和你的管理思路。业务和管理，这两部分在计划书里所占的分量几乎是一样多，而管理方面的分量可能要更重一些。一定要浓墨重彩地说明你的管理思路。

人，这是工作中最不确定也最难搞定的因素，"当官"总要有兵支持你才行，所以，在你提出申请的时候，有谁可以做你的兵、用什么样的方法去说服、"拉拢"他，你心里应该早就有一套了。否则，当领导说"你可以当这个官儿"了，却没人愿意跟着你，或是愿意跟着你的人超过了你们部门的编制，这都会让你费点心思。所以，既然准备升职了，就把所有准备工作都做足吧。

如果你乐意转换到公司中其他的地理区域或者职能部门去工作，你就可能得到更快的提高。愿意变换工作的人，会给自己挣得一份相当丰富的个人简历，其职业发展历程也可以得到更好的推进。尤其在那些成长过程缓慢、不景气或者处于逆境的企业中，工作流动性尤其大。

当升职的消息传到耳朵里，相信许多人都会欢欣鼓舞。但世界就是那么复杂，**有时候，升职或许反而给职业生涯带来危机。有些盲目的、没有发展空间的升职未必有利于你的职业规划。**比如在这个一年中跳槽的黄金季节，犹如"乱世出英雄"的大时代里，有一天早晨当你走进办公室的门时，赫然发现你的上司也加入了另谋高就的行列，于是群龙无首，老板慷慨激昂地宣布，你现在是这个业务部的经理了。

升职，你想都没敢想过，除了惊讶之外，你一时之间也很难再想到别的了。好运怎么会落到你头上呢？本来是值得高兴的事，你却开始失眠，为如何当好一个领导而烦恼。你很怀念做普通职员的日子，搞好自己的工作就行了，不需要为别人操心。而现在，你不但要在总经理办公会上为本部门"争地盘"，还要拿出自己的看家本领来摆平手下。对于之前从未接触过任何管理工作的你而言，这些事让你每天都紧张得不行，心情烦躁不安，你开始想还不如不升职的好啊。

这种"被动升职"反映出众多职场人的对于未来的缺少规划，盲目跟进，享受天上掉下的"馅饼"。殊不知这些"馅饼"实质是人生最大的陷阱！人们普遍的观点是：官越大越好，薪水越多越妙。然而无数的"高薪抑郁病患者"已经证明了这种"扭曲"的价值观的荒谬，要明确工作的目的是更好的生活，能享受工作的"狂人"毕竟只是少数，工作对于大多数人是谋生的工具；其次认清自我，知道自己"哪些可为，哪些不可为"，不要为了可怜的虚荣心而"打肿脸充胖子"，吃苦的是自己。

升迁带来的不全是好处。不合时宜的升迁反而会使个人的发展严重滞后。

每个人在获得升迁机会的时候，必须要客观评估自己，分析岗位要求。如果自己在一些核心模块上还没有锻炼成熟，千万不要盲目接受高薪高职的诱惑。在升迁问题上，一定要进行冷静分析和判断。别被升迁冲昏了头脑。你可能面临这样的处境：经过多年的磨炼，你的羽翼终于丰满，为了让你能继续为公司服务，老板慷慨地给你位子。如果你的工作能力已经被其他公司看中，该公司属于优质企业。而该公司提供给你的职位非常适合你，不仅能延续你的工作经历，更给予你足够的发展空间。机不可失，时不再来，遇到更合适你发展的公司，就象一个好演员站在一个好舞台上。**由于不适应更高要求的工作，不少人会遭遇职场"成长危机"。这实际上是一种心理失衡的表现，对自己的实际能力、适应能力失去自信，从而产生"本领恐慌"。**

当你的上司给你升职时，不论是对你工作成绩的一种奖励，还是托付给你难度更大的新任务，总而言之，你的上司是对你有所期望。但是如果上司期望你完成的新任务，和你以往的工作经历毫不相通，甚至是一片空白，你就应该考虑，是否要拒绝上司的"利诱"，是否该婉言谢绝。

有的升职没有实质意义。看这位女士的回忆：我在职场起步低，曾经如此渴望升职。应聘时我只有中专学历，老板让我做业务员，兼前台小姐，薪水只有一份。我起早贪黑地做业绩，还读了大专自考文凭，终于有一天，老板升我做了这个业务部门的经理助理。

名片上的头衔变化着实让我陶醉了一阵，不过我马上发现担子重了好多。业务仍然要做，而前台小姐因为"缺人"（这是老板原话，后来想想说不定是他想省这笔开销），还要叫我兼半天。这样一来，我上午在前台，下午下部门，下班时间对我失去了意义，几乎天天晚上八九点回家。老板说我年轻学历低，岗位以锻炼为主，所以薪水的升幅少得可怜。升职的喜悦渐渐冷了，感觉升职是要"榨干"我的幌子。

过了一年，我们的经理跳槽了。老板把我找去夸奖一番，说要升我做经理。我不再脸皮薄，直截了当地问他职务范围和待遇。果不出所料，我的工作量顶得上三个人！薪水只上浮20％，却同时削减了手机补贴。我不动声色。

　　老板不知道，我已经拿到了一家外企的聘书。我决不会让老板的升职承诺拖住我的脚步。

　　职场这个江湖，有时候的风云际会让人摸不着头脑。就拿老板有权利给并不太服众的人升职来说吧，如果你是这个人的手下也就罢了，谁让老板就是老板呢，人家有这个权利嘛！顶多你消极怠工一段时间后，也就知天理而认命了，而如果偏偏不巧你就是那个被升职的人，你该如何应对你的嚣张的下属呢？

　　说实话你不是这个部门里最优秀的职员，现在却被任命为经理。无论如何你也兴奋不起来，原因是手下有好几个"重量级"的人物，他们的脸色都很难看。有的人心里不高兴可嘴上不说，问他他也说支持、配合新领导什么的，可实际上就是不干事。你知道这个部门离开他们还真是难以运转得了，觉得自己很冤枉，却没有地方倾诉，你清清楚楚地知道自己正面临着前所未有的职业危机。对此要树立信心，既然我被提拔，那一定有我的过人之处，也许自己还未意识到，但我一定可以做好这个职位。其次切不可把傲气表现出来，自信是给自己的，不妨时常给下属一些好处，使他们安心卖命，"大事明白小事糊涂"就是这个道理。

　　敬业、勤奋的员工是为任何一个老板所欣赏的，努力工作是升职的必要条件，但请记住绝对不是充分条件。保持你的优势，继续"苦干"，但千万不可"埋头"，要时刻提醒自己：看清方向，升迁是综合多方因素的结果。平时要注意与同事的关系，尽量"亲密"，切不可给人"一颗红心献岗位，拼命原来为升迁"的感觉，需知枪打出头鸟，韬光养晦是上策。

面临升职，首先要确定一个自我目标，保持平和的生活和工作心态，对于某些负面影响要有足够的心理准备；其次是制定一份工作规划，做好进入新环境的准备；最后，应尽量抽些时间参加业务方面的培训，多充电对今后的职业发展大有裨益。

每当我们经过了一段生活，达到了一个标志性的终点，我们或许都会发出一声由衷的感叹：啊，我终于再也不用去上幼儿园了……我终于考试通过了……我终于大学毕业了……我终于完成了一项工作……我终于升职了等等。所有这些，言下之意是，哦，我终于可以放松一下了。

是啊，经过了那么多的期盼和努力，其中或许有着数不清的烦恼和艰辛，难道我们不应该为走出这一出口而庆幸，而心满意足并稍事休息吗？

然而，在入口处，你确实不应该轻松。因为，你将面对的是一个陌生的所在，你不了解它的规则，更缺乏亲身的经验，你不知道你是否能适应它，也不清楚它会给你带来什么样的生活。未知本身就预示着风险。这个时候，你最应该做的是扪心自问：我准备好了吗？

打个最简单的比方，秋天过了，谁都知道要准备冬装、调试好暖气以御严寒。如果不做这些准备，那么结果不言而喻。但在其他时候，比如当你走出校门，开始独自面对这个复杂的社会时，你是否在心理上真正有了充分的准备呢？这种准备当然决不仅仅是整好几份漂亮的简历而已。

现实中，很多人正是因为面对新的入口，缺乏必要的准备，而在春风得意之时马失前蹄的。李自成攻陷北京，又兵败山海关，可能就是其中最极端的例子。当时农民军的领袖们被胜利冲昏了头脑，他们终于结束了一个王朝，开始了新的纪元。十几年的苦战，终于换来了万里江山，他们当然有理由把酒言欢，歌舞升平了。然而，他们忽视了对形势的判断，他们没有意识到自己正面临着一个新的入口，同时也面临着一些从未经历过的危机……历史令人遗憾，一次轰轰烈烈的农民起义，就跌倒在这样一种猝不及防之下了。

升迁的出口我们已经走出，但入口处的风险更大。你已经难以回头，只有不断向上。所以，我们在走出出口的时候先别忙着高兴，最好看一看，我们将面临的是怎样的一个入口。

第二十三篇　为什么你不升迁?

如果同事晋升你没有，要问问自己为什么，要以工作的效率和成绩来证明你的努力，使上司觉得你是人才。很多烦恼都是由于缺乏有效沟通造成的，别忘了宣传自己。拥有良好的人际关系就不会身陷孤立，升不了职要学会解脱，不要一时冲动做出傻事。

如果同事晋升你没有，要问问自己为什么，要以工作的效率和成绩来证明你的努力，使上司觉得你是人才。很多烦恼都是由于缺乏有效沟通造成的，别忘了宣传自己。拥有良好的人际关系就不会身陷孤立，升不了职要学会解脱，不要一时冲动做出傻事。

临近年底，大小单位的一年一度的考核工作又要开始了，这考核最后可能要涉及你的职位的升降。也许你工作努力，成绩不错，全公司都承认你是个敬业的人，但是，当新的一年来临，当新的聘任书下来，你发现，跟你一同进公司的同事职位上升了，而你还在原地踏步。可能情况还要糟糕一点：他比你来得晚，却比你"升得快、升得高"。再糟糕一点，他居然成了你的领导。此时，你千万先别背后议论别人为什么晋升，不妨问问自己：为什么还在原地踏步？

该如何面对同事升职你停步不前的事实呢？原因可能很多。

工作能力的问题。现代职场竞争越来越激烈，如果对待工作不是持有一份认真和执着的态度，那是无法取得上司的认可的。所以如果你是由于这种情况而被提升忽略的话，你应当增加对工作的投入程度，更努力地工作。**要以工作的效率和成绩来证明你的努力，而不一定要加班加点。**在公司里我们常常会看到：**一些员工无法按时完成工作任务或无法与他人和睦相处，最终影响了在公司中的提升。**

比如某位经理的秘书勤奋努力，事必躬亲，却总被一些琐事包围着，一件事总是掂量来掂量去，生怕引人不快。对一些不太懂的事总是采取逃避的态度，非拖到不能再拖的时候才动手去处理，常常草草了事。一次老板出差，让他起草一份报告。他想时间还早不必着急，于是摩拳擦掌地决心好好露一手。其后他忙于完成另外的琐事：寄信，发传真，打无关紧要的电话，和自己的朋友小聚。突然一天上班之时，想到老板明天就要回来了，可是报告未见一字。本打算全力以赴完成报告，可是已安排了预约接待一谈半天，下午又去机场接老板，又被别的部门叫去协商安排明天的会议，此时到了下班时间，于是决定回家加班。电视里有足球赛，终于忍不住把球赛看完，刚写了开头，又发现一些文件忘了拿回来了，只好第二天赶早到办公室写完报告。结果一份一鸣惊人的报告变成了一份毫无特色、草草而就的文件。他会想不通，为什么自己一直兢兢业业、埋头苦干但工作起色不大，而且职位升迁很慢。

人际沟通方面的问题。其实工作中的很多烦恼都是由于没有通畅的沟通渠道和缺乏有效沟通造成的。在活跃的工作氛围中，上司总希望有人对他提出的**方案发表意见，即使不时出现反对意见也有气量照单全收。**但是，如果在任何一次会议上，你都习惯于泼冷水，那么，再民主的上司也会把你归为另类而打入冷宫。

由于优秀的才能，你一头埋于专业之中，而不愿与同事密切交流，尽管你的工作质量和工作效率都出类拔萃，但你还是不能提升。

每个公司都有自己的企业文化，特别是新员工，在刚来公司时一定要留意公司的企业文化。企业文化通俗地讲就是企业的做事习惯，不注意就会与其他人格格不入。

别对他人求全责备。每个人在工作中都可能有失误。当工作中出现问题时，应该协助去解决，而不是一些求全责备式的评论。特别是在自己无法做到的情况下，让自己的下属或别人去达到这些要求，很容易使人产生反感。谁都会在工作上有一些失误，关键是你的态度。如果只会一味抱怨别人，不从自己的身上找缺点，就会引起同事的不满，合作的时候不会很融洽。**很多有远见的人懂得在恰当的时机勇于承认错误，愿意承担责任，这样的人会博得同情、理解甚至尊敬，拥有良好的人际关系，下一次做事就不会身陷孤立。**

你在现在的岗位上无人能够替代，也可以安心工作，争取做一名技术专家。得到提升固然很令人羡慕，但是并不是每个人都适合走上管理岗位。有的

人并不具备管理者的素质，被推上管理岗位后，反而感觉发挥不了个人专长，工作压力也非常大。因此这时你暂且不必烦恼，而是分析个人的长项和短处，找准定位，也许现在的职位正是非常适合你的呢！

在工作之外要找到其他的生活重心。如果你确实在岗位上无人可替代，那么你应该珍惜但是不能停步，在提高业务素质的同时，也可以发展个人的其他兴趣，改变工作在你心中的分量，发现更多的生活乐趣，多彩的生活使你对工作压力的感觉会有所变化。

别人为升职付出的代价是你不愿付出的，你甘于现在的状况。同事升职了，但是相比较他们的巨大付出，你的价值观会帮你判断那是不是值得。可能这次升职没有你，但是你对于目前的工作环境及工作内容、报酬各方面还是比较满意的，那么你可以选择留下，而且工作依然勤奋，下次老板提升的没准就是你。

在走向市场经济的今天，仅仅任劳任怨，被动地接受并完成繁重的工作，在上司眼里可能仅仅是个埋头干活的"老黄牛"，而升职则与你无缘。**所以在努力做好上司交付的工作之时，还当拓展自己的视野，激发自己的创造性，积极主动地开展工作，使上司觉得你是个不可不用的人才，那么上司在考虑晋升名单时往往会列上你的大名。**

你也可以换一家管理更为规范的公司。这家公司的人员提升如果有超越常规的做法，说明它的管理是不规范的，而这样的公司在市场中是没前途的，与其在这儿心情不愉快地工作，不如另辟蹊径，离开它，选择一家口碑好，管理科学、规范的企业。不过，要找到这样一家企业还要看你的眼光和实力了。

电视剧《雍正王朝》里的情节颇发人深省。康熙为什么传位于四阿哥而不是八阿哥呢？八阿哥八面玲珑，精明干练，在朝野上下深得众望，皇子中附从者也甚众，而康熙大帝却认为善长拉关系者必不能根除其晚年因精力不济而留下的种种积弊，故出人意料地提拔了敢作敢当，不怕得罪人的四皇子。雍正励精图治，痛下杀手刷新吏治，出色地完成了康熙的遗愿。

搞好关系是重要的，但为了工作也不能怕得罪人，如果本末倒置的话，即使在群众中有个好印象，也不能得到领导的真正重用。**除了少数私心很重的领导外，绝大多数领导在用人时是一切从工作出发的，因为企业毕竟不是交友俱乐部。**

我的一位朋友在出版社里里外外都是个公认的能人，他做的几套选题为出版社带来了双重效益，按常理来说，他的资历和能力早该得到提升了，可至今还是个一般的编辑。在他眼里，社里平庸之辈太多了，张三李四都成了他评说的对象，连社长他也不放过，于是一到考核之时，同事们都说他不好共事，并表示自己不会到他所负责的部门工作，他成了"孤家寡人"，而领导们一谈论到他，也是无可奈何地说句："可惜个性太强了！"因为他的个性，他在众人眼里成了一个处处与人过不去的"反对派"，被人认为有工作能力却不可共事的"异己"，那么谁还敢对他委以重任？怎样改变这个缺点？对同事多点宽容和尊重，工作上多点合作精神，谈论工作或是提意见时多考虑些必要的"技巧"，那么升职便是自然之事了。

一家公司招聘业务总监，有一位应聘者的各方面条件都明显符合该职位的要求，但最终他落选了。事后，这位应聘者从别的渠道了解到，自己落选的原因是总经理认为他只是达到要求，却不能做到承担风险并把工作做好。这说明，人们得不到提升是因为他们只做好了本职工作，而人们得到升职则是因为他们采取主动。即使你不想做老总，你也不能安于本职工作。上班早一点，下班晚一点，多做额外工作，只要一点小事就可以带来极大的差别。

俗话说，"七分质量三分吆喝"。当你做出某些成绩或经过努力而提前完成任务时，可别忘了宣传自己。就算没什么可吹嘘的，你也可找出一些因为有了正确的方法、情绪冷静或做事有条理性等原因在工作中避免犯错的事例,巧妙地向你身边的人说说。当然,一些细节是决不能忽视的,**许多人一生默默无闻只不过是因为他们不注意衣着或举止神情。**

记住,老板聘请你不仅是要你干活,还要你思考。如果你总是抱怨做某件事时间不够,那么你得多想想怎样才能改进工作方法。最好每天你都能留出一小时,思考一下怎样改进工作,或者怎样从事更高职位的工作。

有些人看到失去升迁机会,会一时冲动做出种种犯傻行为。比如一气之下辞职不干。我们公司原来就发生过这样的事:两个同时来的业务员,业绩都不错,到年底聘任之前,全公司都在传,说两个人都要"升官"。两人都做好了准备,连下一年度的工作计划都提早做好了。可是位置只有一个,结果一个上去,一个不动。不动的那位心里不服,一冲动就辞职去了另一家公司,到一个新的环境,一切都要重新开始,又费了一番周折。这很让人惋惜,如果那位不走,完全可以到别的部门去,做出一番更大的成绩。所以不要一气之下提出辞职,对于一个有望升职的人来说太得不偿失了。

有的人会公然表示不高兴,故意撂挑子。有的人心里不高兴可嘴上不说,也说支持、配合新领导什么的,可实际不干活了,整天嘴上"画饼",就是不干事,这又何必呢。在发脾气前先要想想,自己倒是出了口气,但最终损失的还是你自己,是自己的职业名声。

更不为人所齿的是栽赃陷害,也就是诬告对方,这是纯粹的让妒火烧得失去理智。这不仅违背了职场规范,简直就是不顾"江湖道义"了。可若要人不知,除非己莫为,真相早晚会大白于天下,不仅现在的公司肯定不会留,就是别的公司知道了这种恶行,也不会让这种人去工作。这简直等于"自绝于人民"。

升不了职要学会解脱。轮不到自己,谁都会不舒服,但嫉妒带不来加薪,

与其让嫉妒充斥，不如先熄了妒火，接受自己更实际。 人就是这样，只有先接受自己，才能追求更好，否则你就难受去吧！我可以这么自我解脱：虽然我没有升任部门经理，但我知道，别人也知道，对这个部门而言，我的存在意味着什么。做一个别人不可替代的员工，其价值可能并不比做一个中层领导小。我甚至想，新领导和我同时进公司，肯定知道我们打拼出现在的成绩有多不容易，他一定会重视我，依靠我创造更好的成绩。这样一想就会松口气。

也许提上去的那个人真的不错，也可能他其实不如你。但更高层的领导把他提上去总是有理由的。比如，他人际关系比你处得好——也许从纯业务的角度来讲不如你突出，但是，做管理工作，更多的是要看他如何与别人相处，如何把一帮人团结起来。他的长处，当我们心里全是那种不服的感觉时，可能什么也看不出来。遇到这样的情况，不如看看他的优点，找找他的长处。这样不仅能调适你那正往火山方向发展的脾气，更能让你有所收获。有一本写微软公司中国研究院的书，里面有一句话：**我们是与人的智慧一起工作，而不是与人的年龄一起工作。**

第二十四篇 管理的精髓

当主管就像在走平衡木，需要花时间来摸索学习，这样才能拿捏出做事最适中的分寸。新身份对人最重要的改变是从普通员工成为管理者，管理应该是最需要加强的能力，需要慎重行事。最有效的控制是触发个人内在的自发控制，帮助属下树立自信心。

当主管就像在走平衡木，需要花时间来摸索学习，这样才能拿捏出做事最适中的分寸。新身份对人最重要的改变是从普通员工成为管理者，管理应该是最需要加强的能力，需要慎重行事。最有效的控制是触发个人内在的自发控制，帮助属下树立自信心。

　　升职，对每一位职场中人来说，都是千载难逢的美事。但是，由于你初入"官场"，不懂游戏规则，好事往往就变成了一种心理负担，甚至会成为一件坏事。当各种各样的问题劈头盖脑地冲着你这个刚刚升职的菜鸟主管纷至沓来之时，此时的你万语千言、千言万语可能就归结为一句话：怎么办？怎么办？我该怎么办？升职固然可喜可贺，但真正当上主管后，很多人才发现这个位子不好坐。**其实当主管就像在走平衡木，需要花时间来摸索学习，这样才能在过与不及之间，拿捏出最适中的分寸。**

　　部门经理，有的企业称为部长，或是部门主管。从级别上来说属于单位的中层干部；从权限上来说，有的是光杆司令，手下一个人没有；也有的部门经理能管几百人甚至上千人，比如跨国公司事业部的经理。部门经理做得好的，能成为副总直至CEO；做得不好的被贬为平民甚至卷铺盖走人。部门经理每天都要面对上司与属下，上通下达。做得好与不好，除了业务水平之外，在管理艺术与人际关系上，也是大有学问。

　　"我升职后，以前的同事全变了，我怎么都找不到自己的位置了。我被提升为企划部经理。平日里与我有说有笑的同事变得都不爱开玩笑了，除了每天例行公事的寒暄问候以外，总是有意无意地对我避而远之。真不知道该怎么办……"其实，这种事情很常见，每个人的想法都不同。你一旦提升，仿佛就是踩着他的肩膀上去的，心里自然不痛快：你坦诚相待，他以为你软弱可欺，缺乏能力；你以心换心，他说你虚伪，当官的怎么都这样？除此类不识抬举之辈外，你要用真情去换取同事的信任和好感，才能稳稳地坐好主管的交椅。

我见过一上任脸就变的主管。刚上任没多久他就一反平日为人谦和的姿态，开始端出"老板"的架子，对员工挑毛病、拣骨头，好像总有看不顺眼的地方，一双眼睛不时在办公室里逡巡，惟恐部属没事情做。为了显示主管"雷厉风行"的威风，上任第二周就实施"变革"，小到规定员工去厕所的时间，大到业绩目标考核，一样不落，统统重来。大家手上的工作做不完，还要花时间去适应他的新作风，结果新官上任三把火，烧得民怨四起。所谓"多年媳妇熬成婆"，很多新升职的菜鸟主管因为自己曾经吃过苦，所以轮到他当主管时，就依循过去的路子走，让部属成了"小媳妇"。其实，**新身份对他来说，最重要的改变，是从一名普通员工成为一名管理者，因而管理应该是最需要加强的能力，更需要慎重行事。**

　　对于菜鸟主管而言，上任后还没有度过适应期，便急于变革实在有些不妥，人都有恋旧的感情，任何对旧主管、旧做法的批评都会引起反弹，所以一开始就要学会接纳，然后再慢慢去改变。接纳不代表完全接受，接纳是为了了解原来的文化和做法的价值，去芜存菁。真正需要变革的地方，也要运用技巧，温和渐进才不会遭人反感。变革有时候像跳水，溅起的水花愈小愈好。

　　员工做事难免有误，作为新领导，在纠正员工过失的同时，更要勇于替他们的过失承担责任——中层干部既要做员工的领导，又要做员工的盾牌。出了问题，惩罚当事人不是惟一办法，关键是尽快解决问题，争取不让类似问题再发生。尤其是刚升职的菜鸟主管，更要学会并懂得"为官之道"，如果下属把事情办砸了，应勇于为其承担责任，不要推诿、责怪。下属的错误就是你的错误，下属的缺陷就是你的缺陷，下属的失败就是你的失败，至少用人不当就是你的责任。如果希望自己是一个优秀的主管，无论结果如何，必须先学会去扛责任。因为你得给大家一个形象：你是个勇于承担责任的人。

　　有的新主管处理问题时，在不给下属任何解释机会的情况下，劈头盖脸地批评，结果弄得下属心里很不服气。这样的方式发生在新主管身上并不为奇。回想当初自己做员工时，被主管骂的情景仍历历在目。如今勤奋辛苦的付出终于得到回报，如履薄冰的日子多了一份保障。熬到自己当官了，骂骂下属有什么不对。就是这种想法，使得许多人在失去威信的同时，也失掉了人心。俗话说，大树底下好乘凉，倘若你能给你的属下提供一个好乘凉的地方，那么你的属下将会由于你的施恩而"报效"于你。

最有效并持续不断的控制不是强制，而是触发个人内在的自发控制。很多公司为了强化管理，定下了很繁杂的规章制度，据说某知名企业连员工离开办公桌后要把椅子推回桌子下面都进行了明确的规定，真是煞费苦心。但我一直怀疑这种做法是否会有真正的效果，而这效果又能维持多久。

无可否认，适当的制度当然是必要的，它能保证公司的有效运转。为了能让制度真能实施，当然也需要强制性做保障。但具体方法上，仅仅靠强制迫使员工执行，似乎不是很明智、很恰当、很高效的办法。

人毕竟不同于机器，有自己的思考和意愿，遇到自己不想做的事情会有抵触。这种抵触即使在压力下也不会消失，而会转化成另外一种形式表现出来。你不让我工作时间干私活我就偷着干，反正你不能总盯着我。**实际上，任何公司要想完全靠强制来进行管理，不仅不会有很好的效果，而且管理成本会很高。**

其实，每个有理智的职场人都是有自制力的，他们会为了实现自己的某个目标，而对自身妨碍目标实现的行为有意识地进行约束。如果我们在公司管理中，能充分利用这种个人的约束，那岂不是事半功倍吗？

问题的关键在我们的制度。一方面，我们应废除那些早已过时或完全不被员工理解的制度，因为它即使不被废除，其实也形同虚设。另一方面，制度建设上，既要考虑公司的整体利益，也要考虑执行者的意愿，努力使两者统一起来。

如果每个人在执行制度时，并没有意识到自己是被强迫，而是自觉自愿地按着自己的意愿行事，那就是最好的效果了。

所以新主管要多以包容之心对待下属，给人以宽厚仁慈的印象，这样有利于你的位置稳定。但是，该严厉的时候也绝对不能姑息，恩威并施的道理很简单，也很好用。要牢记属下的支持是升职的关键。在有些人的印象中关键是要做好老板安排的工作，讨老板开心。这很有道理，但也不尽然，更多的时候，属下的支持是升职的关键。

某部门经理因一丝不苟、坚持原则而获得公司高层的一致好评。但在手下众员工的眼里，该经理的做法与其他部门经理却非常不协调，与公司的整体氛围也严重不符。大家得出结论，这个经理太苛刻了……最后，大家联名给董事长和总经理写信，要求撤换该部门经理。最后众怒难犯，公司高层经讨论后，撤换该部门经理了事。

既然宰相肚里能撑船，做主管的就不能率性而为，要学会与讨厌的人共事，这也是许多耿直的人转变不过来的原因。我本来在公司的执行部干得挺好，但是客户部的一个小姑娘却让我很头痛。她是名牌大学毕业，一进公司就张扬得不得了，这让我很反感。不过老板却很看重她，没过多久她就升为客户部的经理，成了和我平起平坐，又要经常合作的同事。当了经理的她更是不得了，我最看不惯这种目空一切的人了。以后的工作过程中，她总会找出各种理由来挑刺，或者给你一句轻飘飘的"知道了"，让你觉得自己费了那么大的精力做出来的成绩，到了她那里，根本就没什么了不起的。但要是当执行部有什么事情处理不当时，那她的精神可就来了，能说上三天三夜，不搞得全公司都知道不会善罢甘休。我经常去总监那里投诉，抱怨客户部的苛刻和她的为人，但是总监建议我和她建立友谊，"她也许是这样，但是在我们公司，客户部和执行部必须紧密合作，你需要她——记住人品和工作是两码事。"听了总监的话，我渐渐地开始对她友善，甚至主动提出共进午餐。虽然我们现在还不是朋友，但是最起码在工作上再不会互相挑刺，遇到大的案子部门会平心静气地商量。虽然还会有小的摩擦，但是我心里清楚，工作又不是相亲，完成任务才是工作关系的惟一目标。

一则寓言：有一只猫，爱上了它家主人那英俊的儿子，这让它吃什么都没有滋味，也忘记了睡眠。于是它去求爱神帮助它，让它能变成一位苗条、美丽、聪慧的少女，以享受人间的快乐。爱神答应了它的请求。果然主人的儿子看见了它就很喜欢，而且还主动地追求它，没有过多久他们就约定了终身，很快就结婚了。在入洞房的那一天，爱神也化身为亲友去祝贺，目的是想看看这只猫的形体改变以后，思想、生活、习惯还有性格有没有改变。于是爱神把一只老鼠放进了它的房间。那个猫变的姑娘已经完全忘记了自己已经是一个人了，立即从床上跳下去，绕了几圈终于抓到了老鼠，而且还把老鼠叼在了嘴里死不放口。那个新郎害怕得大叫起来。爱神一看还是不行，于是就只好收回了成命，长叹一声，把姑娘还其本来的面目，仍旧去做猫。

领导与管理者，往往注重的只是一个人的外在或者是一时的表现。但是这是表面的东西，很容易做到也很容易就能把人迷惑，因此关键还是要看内在的品格与素质。世界著名管理学者雷蒙有一句名言："**你知道吗？那些促使你提升为管理者的技能，可能就是影响你成为一个优秀管理者的障碍。**"

总之，一位靠着个人独立运作所创造出好成绩的人，如果还是没有完全作为管理者角色的改变，仍然以昨天的思想习惯做事，最后就是那只变成了少女的猫的下场。

如果你是一位经理或主管，在强调人际互动的社会环境下，不能一味地依赖权力和行政命令，而要依靠自信达到目的，同时要帮助属下树立自信心。从

现代管理学的观点看，员工充满自信，责任心就会增强，工作效率会更高，失误会越来越少，你也就更省心了。

帮助属下树立自信心的有效方法是同他们产生真正的交流，给他们一定的空间，让他们说出想说的话，即使不同意他们的意见，也要认真倾听，然后再负责地同他们讨论甚至争论，这样会使他们感到，他们在工作中有着举足轻重的作用，他们的信心也因此而能得到加强。工作关系一旦长久，办公室里容易形成空洞的停滞的人际关系。因此讲话的方式和内容的新鲜生动就显得日益重要。语言要丰富和形象化，需要引起注意时要用果断性语言。下达指令时只说一遍，必要时辅助强化性的手段，如复述、录音等。特别是在要求大家作出更大的努力和贡献时，要开诚布公地说出真话，鼓舞大家的信心，会收到意想不到的功效。

处在金字塔上半部的职场人士，虽然已经取得了部分的成功，但征途依然遥远，惟有不断锤炼自己，再加上对自己职业生涯的精细规划，方能积聚能量，向职场最高峰迈进。

第二十五篇　你的世界，挑战与考验

作为公司的高层管理者，让更多的人参与决策，让更多的人投入进来，让他们富有激情，祝贺他们的成功，是重要的问题。只有在潜规则与显规则之间从容游弋，经理人才能走向成功。经理人会面临要操守还是要利益的抉择，要自己学会把握。

作为公司的高层管理者，让更多的人参与决策，让更多的人投入进来，让他们富有激情，祝贺他们的成功，是重要的问题。只有在潜规则与显规则之间从容游弋，经理人才能走向成功。经理人会面临要操守还是要利益的抉择，要自己学会把握。

你已经成为了高层管理者，呈现在你面前的世界变得不一样了。你面对的不是具体的业务和琐事，而是关于企业甚至社会发展的信息汇集，你的眼界宽广，心态平和，知道企业和个人的前进方向。但要成为职场的主宰，你还必须更上一层楼。**罗马不是一天建成的，企业家也不是一天造就的。**

土光敏夫不仅在日本很有名气，也是世界闻名的企业家。他两次从死亡线上把石川岛造船厂还有东芝电子公司给救了回来。日本人说：就算首相到了会场也比不上土光敏夫到会场更表明会议的高规格。依此可见，这位"合理化先生"在日本人心中有着崇高的地位。

土光敏夫的名言是：领导人就是吃苦人。20世纪60年代在石川岛造船厂最危难的时候土光敏夫担任了总裁的职责。他认为：经济对于石油的依赖是越来越大，而且石油贸易也离不开运输，这就使大油轮的制造成为日本经济举足轻重的事情，20到30万吨大的油轮一定要生产。为了整顿石川岛，土光敏夫进行了两次大的整改：一是精简岗位，把公司的任务分解到每一个人的肩上，要有干不完的活儿。他认为"人才是要在工作人员少的时候脱颖而出的"。二是创办企业报《石川岛》，要让每一位员工都了解还有关心公司的最新情况，并且还要参加工作讨论，形成企业文化。他的管理原则就是要"合理化"。

他担任总经理不到10年的时候，已经把日本带到了世界第一造船大国的地位。世界上有10艘巨轮，其中就有8艘是在他的领导下造成的，从而把英国的造船业远远地甩在后面。

就在石川岛最红火的时候，他却提出了辞职，到马上就要倒闭的东芝担任

总经理。日本人为之迷惑不解。他到了东芝企业，了解了东芝以后，发现了东芝一切都很好，惟一的问题就是从领导到员工有着很满足现状的毛病，不求进取。于是他提出："领导就是吃苦的人，要让员工提高3倍的效率，领导要必须先提高10倍的效率。""对部下最大的尊重，就是信任他能干更重要的事情。我主张只有在很重的担子下才能出现人才。""不管干部也好，还是普通员工，都要短期流动，这样既可以锻炼人才，又能发掘人才。"精神专注，全力以赴地工作，是他的办公室自题"猛烈经营者"的追求。

这位80高龄的大公司总裁住在一间朴实的小木屋里，每天6点钟准时走出家门，7点准时来到办公室，第一个到公司的总是他。他把工作作为最大的享受，不管多少年，就好像是一天一个样子，从来也没有请假或者是迟到过。为了提高会议的效率，在他主持会议的时候，到会所有的同事从始至终一律站立，但一个小时之内一定散会。

像这样的经营者，相信国内并不缺乏。要知道吃苦耐劳也是国人包括国内经营者的长项，但为什么过去我们努力了奋斗了成果却不显著呢？也许我们忽视了一些更重要的东西。作为20年来最成功的CEO，前美国通用电气集团CEO杰克·韦尔奇深有感触地谈到人才对于企业发展的重要性。**"你作为公司的领导，能不能让越来越多的人参与到决策中来，能不能让越来越多的人投入进来，能不能让他们富有激情，能不能祝贺他们的成功，这都是非常重要的问题。"**

韦尔奇认为，现在企业处在一个大变革的时代。在变革中，企业领导首先要了解员工是否胜任他的岗位。他在对员工的评估上花了很多精力，在对员工的培训上，也没少费心机。通用经常进行各种培训，让员工不断进行技术更新，和公司一起成长。要做到这些，是一个巨大挑战。如何让员工和企业一起成长呢？注重员工培训是可行的方法之一。他非常看重员工培训。在位期间多次亲自到员工培训现场去，每月平均 12 到 15 次，每次都要呆 5－6 小时。但他关心的不是课程设计等琐碎问题，他利用这机会去接触集团的中层领导，并把集团高层的最新决策及时传达给他们，看他们如何反馈，然后采取不记名调查的方式问一些对于公司非常现实的问题，而不是问他们是否喜欢食堂的饭、车位够不够等问题。要问公司是不是成功，问公司领导是不是在身体力行，言行一致，这样有助于把握住公司的脉搏，对公司有更多、更深刻的了解。

人才首先要有激情。企业的高级管理层要有慧眼识英才的本领。挑选人，**挑选合适的人，让这样的人才能够成长起来，是企业高级领导层最重要的任务之一。**企业挑选人才，通常没有非常理想的方法。但是通过制定政策，可能帮助企业找到正确的、适合的员工。有一点要记住，最杰出的人才就是最适合你的人才。好的人才首先是精力旺盛的人，充满活力，可以调动别人的激情，调动别人的积极性；好的员工还是那种在工作中不光是自己做得好，还能激励他人做得更好的人；他们要有一些优势，这些优势非常明显，很容易被判断出来；有决策勇气，要能决策、会决策，除了决策还要能落实决策。所有这些品质是你需要找的人所必备的品质。但这样的人不容易找，不见得一下子就能找到。

韦尔奇说，表面精力旺盛的人，往往喜欢打击别人，压制别人，让别人感觉工作非常压抑，自己喜欢发号施令。一些人太聪明，决策时，他们也许说这样也行，那样也行，但就在他们说的时候，时移势易，很好的机会就可能没有了。一些人做计划非常好，他们有理想但是从来不能落实，不能带来具体的结果。这样的人都不可选。**所以，企业找员工时，要有一个基本的标准框架和一些基本的原则，应该知道要找什么样的人，通过什么方式来找他们。**

众所周知，在 GE 任职的时候，韦尔奇创造了无边界管理模式，是一种非常随意的、非正式的、非常坦率、坦诚的沟通模式。员工利用这一模式能和领导进行有效的交流和沟通。便于领导对员工有准确的评价，使对企业有贡献的人按绩效拿到自己应得的报酬。高额报酬反过来又刺激员工更加努力地工作。

韦尔奇认为，**对每个人做评估，除了看他们的绩效有没有达到指标外，还要考察他的价值观是否与公司的价值观吻合。**一种情况是，通过对照财务绩效，达标了，行为取向、价值观与公司的符合，公司就给升级。另一种就是绩效没达标，与公司的价值观不相符，对员工也很恶劣，总是偷偷摸摸的，不诚实，那就请走人。上面提到的这两种人都很容易处理。而还有一种人，没能达到财务指标，但他与公司的价值观相符合，对于这些人，应给他们重新调配工作，把他们放在不同的环境给他们一些机会。最后一种人是能够杀死一家公司的那种，这类人能够达到绩效指标，但是他们的价值观和公司的价值观不相吻合。现实证明，很多公司是接受了这些能达到绩效指标、但素质很差的经理，造成一个公司价值观最终的崩溃。这种人是造成企业灭亡的罪魁祸首。

韦尔奇说，一个 CEO 应对他手下人的成长感到自豪。作为一个 CEO，你是不是很有激情，当你的员工有一个非常好的创意，你是不是感到异常振奋，是不是可以承认他的创意，并且能不能祝贺他们的成功。如果你作为公司领导者这样做，你就可能让公司的人有很多的创举，你无法想象在这样的环境下，你的公司将变得多好，这样的前景是不可估量的。作为公司的领导，能不能让越来越多的人参与到决策中来，能不能让他们富有激情，能不能祝贺他们的成功，这是个非常重要的问题。**因为有很好的人才就能建立很好的企业，很好的企业也能吸引很好的人才，这是一个良性循环，是过去他在位时通用保持佳绩的诀窍。**

韦尔奇坚持自己的理念：

——热爱为你工作的人，培养他们，但是如果没有进步的话，不要犹豫，让他们走人。

——我认为一个CEO的任务就是一只手抓种子，另一只手拿着水和化肥，让你的公司发展，让你身边的人不断地发展和创新，而不是控制你身边的人。

——商业并不是严肃的、致命的、枯燥无味的、毫无乐趣的事，商业就是生活，而且是每天我们都想打赢的一场游戏。

——在选CEO的时候，你要根据你的本能和董事会的本能，来挑一个继承人，而且要进行测试。很多企业到外面去找，但是外面找来的人，最后失败的概率都非常高，因为他不太熟悉公司。

——为什么我退休？不是因为我年纪大了，身体不好，头发掉光了。是因为GE需要新鲜的血液和思想，如果你待在这个职位上，就不会有新的思想和新的血液出现，一个CEO或者一个创始人在这个位子上开始出现糟糕的情况，就要在该结束的时候结束。让新的人上来做，放手让他们做。

《后汉书》中讲了这样的一个故事。在后汉时代，太原有一位叫孟敏的人。有一天，他扛着瓦罐来到了集市，一不小心，把瓦罐摔到了地上。当时瓦罐就"粉身碎骨"了，但是他就连头也不回地继续向前走着，就好像什么事情也没有发生过一样。旁边的人都很好奇，对他说道："你为什么不回头看一看你的瓦罐？"孟敏却回答道："瓦罐从我的肩膀上掉了下去，肯定是摔得粉碎，我就是看了又有什么用？在我的前面还有比这更重要的事情在等着我去做呢。"

作为一个领导者来说，要学会摆脱过去，无论是好的或不好的，轻松地前进。正像杜拉克大师提出的那样"管理者高效工作的原则就是要摆脱不具有生产力的过去。"这就像是孟敏不回头看那摔碎的瓦罐一样，人要永远都向前面看，因为前面有着更为重要的事情在等着你。有一句名言可以借鉴一下："昨天就是一张已经作废的支票，明天则是一张还没有到期的支票，只有今天才是随时可以用的现金！"

此外作为企业管理者，商业道德非常重要。商场如战场，其中有很多游戏规则，**无论是潜规则，还是显规则，只有在"潜"与"显"之间均衡博弈，在清与浊之间从容游弋，经理人才能走向成功。**"入乡随俗"的道理很简单，违反游戏规则的后果就是被无情淘汰。有个关于土豆、石头、咖啡豆的故事：人们把这三样东西放在锅里煮，坚硬的土豆很快变得软塌塌的，石头纹丝不动，又硬又没有味道，而咖啡豆既保持了一定的硬度，又散发出诱人的清香，熬出醇美的咖啡汁。土豆、石头、咖啡豆的隐喻，基本上代表了企业人对于潜规则的三种态度。人在职场，面临各种诱惑与打击，那么到底该做哪类人呢？其实，**无论是最高决策者还是普通员工，都在遵循着自己行为规则中不言自明的信念，他们的行为都离不开人性与利益两把标尺，如何把握，最终还要靠自己。**

"如果你手下有一个职业经理人，在进行某项交易时，为了维护公司的利益，他竭尽所能、毫不留情地把进价杀到最低。交易完成后，对方出于感激，送给这个职业经理人一个大红包，而且他私自收了。作为他的老板，你会怎样看？"面对这个问题，相信老板中会有至少一半的人回答：肯定他的成绩，但会失去对他的信任。

确实，在中国的商业圈中，几乎所有的企业都会为争取项目而使尽浑身解数。一些让客户获得额外利益以赢得其好感的运作方式，将中国充满人情味的商业文化夸张放大成通例，变异成行业内部不可或缺的交易怪圈。

朗讯总部解雇了中国区的4名高层管理人员，董事长、首席运营官名列其中，理由是他们在企业运营中对内部管理控制不力，可能违反了美国的《反海外腐败法》。美国《反海外腐败法》防止海外公司采取贿赂等不正当手段来提升业绩，美国公司的海外机构若出现违法事实，总公司必须承担重要责任。朗讯总部发现只有中国区存在问题。不过他们也认为，在业绩的压力下，采取一种符合中国国情的行为，也是从公司利益出发，更是一种行业惯例，作为中国商业生态环境中的一员，朗讯（中国）不能独善其身。

作为职业经理人比外界更知道操守的重要性。但在公司利益和职业操守之间平衡，身在其中的人很难说他们的选择是正确还是错误的。行贿的多发地带是进口贸易。世界银行估计每年向发展中国家出口金额的5%——500亿至800亿美元都流向了当地的腐败官员。

例如在IT行业，腐败大多出现在采购与销售环节，几乎所有在大企业做营销的人都对"黑金营销"见怪不怪。正所谓，存在即合理，合理即存在。有的时候，经理人在个人利益得不到应有体现时，心里总会有些不平衡，于是滑向道德的底线。即便在他内心深处认同"财上平如水"的"商道"，却难免会在心里一遍又一遍地嘀咕：为什么油水总往老板那边流？于是职业经理人开始蠢蠢欲动。销售总监或渠道经理对下面的经销商能挣多少钱最清楚，看着别人大把的人民币入账，能不动心吗？有人群的地方就有三六九等，有利益的地方就有诱惑。生存如此之难，不少人开始向灰色的"潜规则"妥协。

撑死胆大的，饿死胆小的，是中国的一句老话。可以正着理解，也可以反着理解。采购部经理因为拿回扣离职了，如果不是供应商举报，这件事就不会有人知道。"渠道腐败"是很普遍的事情，少则几百元，多则几万元，公司有时只能睁一只眼、闭一只眼，太多了，抓不过来，只要把业务做上去了，拿点回扣算什么。再说家丑不可外扬，在商场里打转，想洁身自好没那么容易。你不招惹别人，因为你手里的权利，别人自会招惹你。供应商与采购商、厂商与代理商之间的猫腻太多了，"水至清则无鱼，人至察则无徒"，身在其中，由不得你。**企业在成长过程中，很多事情是不得已而为之的。**如在酒桌、球场上，老板经常将个人生活与公务活动空间混同。这历来是官场上的潜规则，目前已成为企业之间争抢大客户的竞争利器，这种吸引客户和博取好感的举动，让对方大开方便之门，为企业的生存发展奠定了基础。**诚信本身就是一个职业经理**

人的金字招牌，违背职业操守，就等于砸了自己的招牌。不是别人，而是自己，纵容自己就是毁灭自己。

在中国，由于法制尚处于不断完善的过程中，经理人市场也是近些年才逐渐成型的，缺乏文化积淀，这使得中国的许多商业活动都存在着不同程度的"潜规则"。如众所周知的是商业交易中的回扣问题。**这些潜规则使得经理人不得不面临一个痛苦的抉择：如果按照自己所在这个行业的操守行事，就等于违反了国内商业活动的潜规则，这样公司的利益就无法得到保证；反之，则牺牲了个人在经理人市场所赖以生存的职业操守。**许多时候，经理人需要一种灰色生存。最重要的是对公司忠诚、对老板忠诚，但忠诚的背后有着经理人不能言说的苦衷。有时候为了公司的利益做了并不"阳光"的事情，也是不得已而为之。

以房地产业为例。征地是开发楼盘的第一个环节。按规定，房地产开发商具有相应资质就可以申请地皮，但实际操作却是另外一回事。权钱交易成了楼盘开发的第一块基石，由此衍生出地下土地交易市场。有权的人掌握着批文，甚至公开叫价。所以，对于一个开发商，实际成本主要由两部分组成：公关费和关系费，二者缺一不可。即使你是一位忠于职业操守的人，在中国色彩的商业环境中也无法独善其身。在房地产业，资金、土地和人是房地产开发中必不可少的要素，尤以"人"最重要，因为一个有着"通天"能耐的经理人可以做到别人不容易做的事，这个能耐就是谙熟商业"潜规则"的本事。

我们不可能不食人间烟火，我们要在大环境里取得成功。如何在潜规则与自己信奉的商业道德与操守间取得平衡呢？我和一些朋友聊过，但没有一致。但无论怎样，你要自己学会把握这些微妙之处，这才是生存秘诀的精华部分。

第二十六篇　欲走还留：跳槽吗?

在有些行业频繁跳槽是不利的，要防止其成为职业道路上的绊脚石。现在的员工更强调个性的展示和个人才能的发挥。很多中年职场人对自己投入多年的工作不愿再从事下去，但该怎么做却一筹莫展。赚公司竞争对手的钱要具备条件。

在有些行业频繁跳槽是不利的，要防止其成为职业道路上的绊脚石。现在的员工更强调个性的展示和个人才能的发挥。很多中年职场人对自己投入多年的工作不愿再从事下去，但该怎么做却一筹莫展。赚公司竞争对手的钱要具备条件。

每年的4月对很多员工来说都是美梦的终结、恶梦的开始，然而更无奈的是大家又不得不忍气吞声，继续埋头苦干。每年的4月是什么日子呢？是公司确定升值加薪员工名单的时候。公司制度明确规定，员工是否能够升值加薪，需按照整个年度的工作表现、业绩、员工的工作态度、日常考勤、工作责任感等来打分评级。因此大家平时都十分注意上班出勤率，担心迟到会影响最终的升值加薪，很多同事都因为怕迟到而"不惜重金"天天打"的"，早餐也是到了公司之后再"偷偷解决"的。

可是实际上，在很多公司里升职加薪并不是按你的业绩、工作态度、工作责任感来评定的，而是根据你是否能跟上级领导搞好关系，如果把领导搞定了，那就有机会得到升职。即使加薪也浮动很小，只有原工资的百分之几。工资虽说都是按公司的制度发放，可是这个制度究竟是什么呢，凡是不透明的规矩必有其见不得人的理由。如果继续这样的话，我想越来越多的员工会选择跳槽，不再相信企业的规章制度了。

如果把个人爱好比作恋人或情人，那么工作就是配偶或婚姻。一个人的一生中或许拥有几个恋人，或许在不同的时期有不同的恋人；人的爱好亦然，或许有几样爱好，或许不同时期有不同的爱好。对于失业者能找一份工作就心满意足了。个人的爱好成为工作，应该说是最理想的。但这还不能高枕无忧，因为人总是喜新厌旧的，人的爱好也在变化，情绪是波动的；另外工作是否合适还要实践来检验。先上岗后喜爱，这种现象是最为普遍的。日子一久，人的劳动技能不断提高，干起活来得心应手，工作已经悄悄融入灵魂之中，人就会热爱上自己的职业。综合素质高，思想成熟，思维敏捷时，你就有能力跳了。

话说回来，还是要尽可能少跳槽。一份工作、一个企业、或是一个行业，都要你花不少的时间和心血去了解。**在一些需要长期工作经验的行业，例如软件等行业，频繁跳槽者很难真正掌握该行业的技术。老换工作你学不到太多的东西，老跳的人也会给下一个老板忠诚度不够的感觉。**当然，如果你想自己创业，那最好是在公司里做过部门经理的时候再考虑吧。

职场里常跳槽的是年轻人，其次是有经验有能力的中年骨干。两项原因被公认是现代职场人频频更换工作的动力：一是想换一种生活方式，寻求流动跳跃的感觉；二是寻找更好的工作环境、更有吸引力的事业发展空间。他们的价值观及社会行为规范方面呈现出两方面的趋势：一是现代性的价值观——开拓、进取，注重个人价值及其社会现象，这常见于在民营企业和小型企业工作的人；二是"后现代"观念——强调个性体验，不受社会规范约束，这在外企的白领中居多。**过去的员工注重的是一份稳定的工作和有保证的工资，而现在的员工则更强调个人个性的展示和个人才能的发挥。**

我和年轻人聊的时候经常能听见类似的抱怨：做业务代表惟一的好处就是公司对你的行踪无法控制，不需要天天坐在办公室里。当然你在外面跑也要受到公司制约，每天去拜访了哪些客户，交谈有何效果，都要记录得很详细。公司最让我胸闷的，是提成制度。大家都很清楚，做业务的基本上是靠提成来养活自己，公司偏偏定了那么多扣提成的制度，让你没有办法把提成全拿到手。第一招就是在月初给你定一个指标，可是定的指标从来就没有人完成过，指标不完成当然就要扣钞票啦。定指标的目的不是让我们完成，而是让我们完成不了。其次，要是客户在交易完成后拖欠货款，那公司也要扣我们的提成，理由是我们没有及时跟进，其实大客户向来都要拖欠我们款子的，业务经理又能做些什么呢？在公司做业务，实际情况就是做得多扣得也多。

对于那些稳健的公司中坚们，一般都高职高薪，在公司有相对大的自主权，表面看起来还是很不错的。但实际上也各有各的心事：自己负责的工作没有大起色，业绩离既定目标还很远。要命的是据自己暗中了解，整个公司的财务有很大的问题，皮之不存，毛将焉附？还要在这艘漏船上继续干下去吗？不想拿自己的事业开玩笑；空降兵降落，自己的人际关系一直不顺畅；和自己平级的"海龟"似乎更受欢迎一些，自己受到了极大冲击，该怎么办呢？继续坚持自己，还是做一些改变？自己多年的思维和管理模式受到了极大挑战。在目前这家公司似乎做不下去了，眼前就是死胡同。不是公司倒闭自己失业，就是自己被竞争对手打垮。再跳槽吗？现在外面竞争这么激烈，谁还能给自己这么高的年薪呢？现有的生活还能保障吗？毕竟不是刚毕业的年轻人，自己要的不只是一份工作。今后该怎么打算呢？很多"老人"在工作上遇到过类似难关，尤以下面的问题比较集中。

稳定的高收入和平静的生活使许多中坚人士的适应力和学习能力缺乏和降低，预测力不能跟上时代与社会变化的节奏，造成他们在职业发展道路上的曲折和失败。这个问题在跳槽过程中尤其明显。对他们来说，一旦被猎头猎去，却进了一家不怎么样的公司，对已经发展到职业相对成熟期的他们来说，情况就大大不妙了，因为跳槽不是说跳就跳的，高薪更不是随便跳槽就可以保证的。

人际关系如何处理也是让人心中解不开的结。这些人工作能力都不用置疑，但人际关系问题却经常困扰他们。人际关系不协调，团队合作无从谈起，没有充分的资源支撑，工作自然没办法做好，生活变得毫无乐趣可言。恶性循环的结果是失去许多提高业绩、扩大人脉优势、走向成功的机会，常常在错误的地方、错误的时候，用错误的方式表达想法，将人际关系搞得十分紧张。从这一点可以看出，这个群体中许多人的表现力必须努力提高。

很多久经考验的中年职场人在工作了很多年以后，出现了严重的"职业疲惫"和"职业厌烦"。对自己投入多年的工作不愿再从事下去，再加上述两个问题，他们迫切想要转行，但该怎么做，却一筹莫展。这时，他们的应变能力就尤其显得重要。

他们中有很多人想创业，却找不到优势。虽说目前国内已进入了一个创业的黄金时代，年轻人的创业梦也都做得有声有色。然而，如果你真认为有过一定的工作背景，学习了正规企业的规范运作模式后，自己就可以出来创业闯天下，那可就不一定了。他们所在企业的经验对于创业者来说，未必都可以利用。自己办公司，对外的身份变了，游戏规则也变了。现在折腾得红红火火，是因为扛着企业的牌子。一旦自己开公司，客户能认他的实力吗？尤其是跨国公司开拓市场的国际惯例是，大把票子开路，强大的广告宣传先行，个体小公司岂能模仿？从这个意义上说，要想从外企出来做公司，还不如那些一开始就自己折腾、完全靠个人闯荡的小老板。所以，明知道自己已碰到了事业的"天花板"，但很多人还不得不观望一段时间。

重谋职业时要非常谨慎，要防止跳槽意图被你的现任老板发现。毕竟一旦不成功你还得继续跟着他混，到时候就没有好脸色看了。一些"高手"能在悄无声息中完成求职，甚至连姓名都不会在面试前被人知道，有的还能在匿名的情况下与其所选的公司面试。

最好的方式是通过熟人推荐，这样一来你能与该公司的有关负责人接得上话，而且值得双方信赖，可以使求职在秘密中进行。如果碰到你向往的、正在招人的单位，就算圈子里没有熟识该公司的人，可以请认识的有地位有影响的客户或朋友写信推荐你，如果这位朋友恰巧在业内很知名，推荐将更有说服力。

要想把跳槽的证据控制在最小范围内，你最好不要利用所在公司的资源找工作。比如不要在公司里打印求职材料，不要用公司的电子邮件提交求职简历，不要从公司里传真任何资料，即使上班时间接到对方公司的电话，也一定要撤退到"安全地带"交流。

人们惯常的跳槽思维是，熬过年之后，拿了公司的年终分红再另谋他就。但如今也有了年中跳槽的一族，他们更多是为了个人的职业发展，宁可放弃年底分红，有机会时马上就跳。很多人的跳槽思维已经不再是从前一套了，他们跳槽会考虑两个方面，一是今后的发展方向，二是公司的福利状况，这两个条件能满足其一的话，薪水只要能够略高，或保持原来的水平就可以。同样，高端的职业经理人则更会从职业生涯方面考虑跳槽的问题。职业经理人跳槽注重职务提升，管理权限的扩大，而这个层次人才的跳槽，薪水已经不是问题，因为挖得动这些人的，一定是高薪。也有不少工作才一年的大学生也纷纷"改换门庭"。这部分人更多是因为职业生涯的开始没有找准方向，因此才在一年之后重新调整。

通过一次跳槽同时实现几个职业愿望，这样的机会是可遇不可求的。**公司竞争对手的钱好赚么？好赚，但要看你怎么赚，会不会赚。**许多职场人士跳槽后希望在行业领域内的公司竞争对手那里获取高薪，因为他们认为凭借自己的从业优势完全可以轻松取得高薪。事实上，达到目标还需要具备许多先决条件。如果条件具备了再去现在公司竞争对手那里，凭借自己成熟的技能和经验以及"人气人脉"，肯定能获得高位高薪。

我曾见过一位能人，在网络通信行业有多年工作经验，其中有数年的市场管理和业务流程管理工作经验，直销和分销市场拓展经验。能够独立承担市场层面的商务和技术工作，完成过几千万元的大型项目，为公司成功开拓华东区域的电信运营商市场。丰富的行业经历是他最大的财富，另外职业气质和职业特性等确实适合在 IT 通信领域从事市场销售方面的管理工作。可他却难以找到新东家。

为什么难呢？他一直都在民企工作，认为自己已经具备了到外企接受重任拿高薪的实力。可是一开始就把目标锁定在 INTEL、微软等世界著名集团公司，但是英语水平有限，又没有在外企工作的经验，对外企的文化管理模式不熟悉，都无形中抬高了自己的就业门槛，更别说职业气质特性等个人属性适合不适合外企了，人生的重新抉择一开始就走错了路。

只有下列情况才值得在竞争对手间跳槽：

竞争对手是行业权威，是核心品牌。这种情况下的跳槽才是人往高处走水往低处流。在自己公司的发展到了顶峰，不再能学到新的东西，受到资源限制展不开拳脚"活动"，跳槽到行业内的权威企业寻求个人职业可持续发展是正确的选择。有了发展才有获得高薪的可能。

自己对该行业的产品有充分把握的能力。行业产品是跳槽成功的基点之一，因为跳槽线索就来源于产品。只有对产品性质、产品结构和生产流程等专业知识的深入把握，才能让自己的跳槽有牢固基础。不了解产品，竞争对手没有任何理由花高价雇你。

行业处于迅速调整状态下。行业的不稳定性加深了人员流动的可能性，特别是自己的公司在调整过程中不能够为自己提供上升空间的时候，在同行业竞争对手那里寻找发展机会，不仅避免了跨行业跳槽的不确定性，还合理利用了自己的专业知识技能优势，为将来的职业发展和薪情发展获取空间。

具备跳槽条件，怎么跳就是个问题了。想成功实现竞争对手间的跳槽，知己知彼才是关键。准确评价自己的职业含金量，确定跳槽实施方案，这是成功跳槽的基础；熟悉行业行情，把握行业产品信息，充分了解目标企业经营情况，在个人和企业间找到契合点，最终获得职业持续发展和高薪高位目标。当然，注重职业人的职业操守也是日后必须考虑的职业声誉问题，因此必须做到对原有雇主保持诚信，如果有相关的法律约定或保密协议等都需要充分考虑，避免不必要的法律纠纷也是重要的。

还有一类典型的"职场打杂人"不断跳槽，但却跳而无起色，甚至越跳越槽。其原因就在于对自己和职业的判断不清，造成了自己不断尝试却不断偏离正确职业发展方向的结局。工作经验在求职时几乎被看作决定成功的关键。可很多职业人即便积累了很多工作经验，甚至是跨行业跨领域，可发展到 30 岁还逃脱不了在基层岗位挣扎的命运。

往往这类人工作经验丰而不富，销售行政生产都涉及一点又都不精，没有在任何一个领域建立优势竞争力，所以除了打杂的助理一类工作之外，企业肯定不能认可他们的价值。更何况面对挫折他们工作的兴趣、热情不断降低，加上这类工作的高替代性，前景不容乐观。

有些人原来在国内的发展眼看着渐入佳境，然而被出国"镀金"光环耀晕了头脑，在国外从事并非自己专业的工作。原有知识、工作背景没能产生积极作用，而且还有语言、文化和职业特性方面的因素没有考虑到，国外工作对其发展没起到推动作用，呆在国外的时间又使这类人对国内市场不再了解和熟悉，没有了竞争优势，回国后遭受冷遇。国外的工作经验拖了职业的后腿，这种经验职能把自己的职业越做越杂，越做越没有竞争力。职场看重的是人的职业价值本身，而非经验多寡和学历高低。

如果经验和学历正好符合自己的职业发展方向，就能够加快职业发展，否则就是职业道路上的绊脚石（因为复杂的经历会引来复杂的"机会"，过多的学历让人无法取舍，造成职业发展混乱将是必然）。职业停滞就是危机的前兆，在这个职业发展生死存亡的结点上，整合自己的优势竞争力，合理规划职业道路和求职计划才是摆脱危机获取成功的关键。

第二十七篇　挥一挥手，不带走一片云彩

要使新公司相信，你会忠诚地一直干下去。离职也要讲诚信，每一份工作都是一种缘分，与原单位维持这种缘分是有百利而无一害的，最好还是好聚好散。集体跳槽可以使全体人员快速适应新环境，及时进入状况。想自主创业的要采取有针对性的措施。

要使新公司相信，你会忠诚地一直干下去。离职也要讲诚信，每一份工作都是一种缘分，与原单位维持这种缘分是有百利而无一害的，最好还是好聚好散。集体跳槽可以使全体人员快速适应新环境，及时进入状况。想自主创业的要采取有针对性的措施。

要去新东家了，对于经验丰富、久经考验的职场老手们而言不存在太多的技术问题，惟一要斟酌的是告诉新老板你的离职理由。什么样的理由可以让老板接受？什么样的理由又是新公司难以理解的呢？

你的任何理由都应遵守一条原则：**要使他们相信，自己以前的"离职原因"在新公司里是不存在的，你会忠诚地在这里一直干下去。**考研、学习、出国、与家人团聚等辞职理由可以被公司接受，如"想换换环境"、"个人原因"等。你要尽量使解释的理由为应聘者个人形象添彩，如"我离职是因为公司倒闭。我在这家公司工作了三年多，有较深的感情。由于市场形势突变，公司的局面急转直下。到眼下这一步我觉得很遗憾，但要面对现实，重新寻找能发挥我能力的舞台。"要说得复杂一点，你可以说主要觉得目前的工作是一种重复性劳动，公司给予的晋升空间不够大。而现在的机会空间更辽阔，自由度更大，对个人的发展有利。

那些掺杂了主观的负面感受的理由则不会让用人单位有什么好感，如工作太辛苦、人际关系太复杂、管理太混乱、公司不重视人才、与上司不和、收入太低等。

离职也要讲诚信，一个理智的离职者应该把握好文中提到的几个方面。

该列一份离职清单，首先是你的人际关系网：你的改旗易帜，并不影响你的人际关系网。第一，客户关系网：只要你不跳出这个行业，老客户永远都是你的职业含金量；第二，同事关系网：这份清单中关键的还有自己的老同事和老上司。虽然你将不再和他们共事，但保不准哪天就遇上。所以，跳槽后中断联络是失策；第三，有关工作中有价值的经验：清理你的办公室时，有些杂物是可以扔掉的，但千万不要把任何有关工作的东西扔掉。离职前，你可以认真回顾这些年的工作历程，理顺思路，从以往的工作实践经验中寻找成功、失败的原因。这样你定能受益匪浅。

要走了，无论这间办公室里发生过多少令你难忘的事，毕竟一切都过去了。离职也要讲诚信。**如果你是主动辞职，请给公司一段考虑的时间，以便用人单位作出权衡，并做好准备工作。**有些职场人士喜欢频繁跳槽，擅自离职，给用人单位造成很大被动，有时出现"人走项目瘫"的局面。负责任的辞职者往往在辞职前即打好招呼，并主动培养副手，这不仅有利于自己顺利跳槽，还能给公司留下好的印象。如果你是在特殊行业，比如在学校当老师，辞职更要慎重，因为不只是要对学校负责，还要对学生负责，一个好老师应该选择学期结束后辞职，如果带毕业班，应当选择学生毕业后辞职。

在办交接手续时，要全面及时、不留尾巴，将属于公司的各种有形财产和无形资产留下，尽量不投奔公司的竞争对手，为公司保守商业机密。时下商业竞争日趋激烈，有的人在辞职时心理失衡，卷走原公司资料和商业机密出卖给原公司的竞争对手，结果被告上法庭。这样做，不仅损害了原公司的利益，也断送了自己的前程。

保持联络。**每一份工作都是一种缘分，离职后，与原单位保持联络，维持这种缘分，对原单位和本人都是有百利而无一害的。**一个有远见的辞职者应当想到，辞职以后，你可能到新公司上班，也可能注册自己的公司。不管如何发展，你与原公司的关系并未完结，因为原公司极有可能会成为你以后的客户。打个最浅显的比方，如果你从彩电行业跳槽到电脑行业，你可以动员原单位买你的电脑，而你昔日的同事也可能会请你穿针引线，到你新单位推销彩电。这不是互利互惠吗？为什么要中断这种联系呢？有远见的离职，不仅不会刻意去破坏公司的原有客户关系，相反，会继续为原公司介绍客户，从而给社会各界人士留下诚实守信的形象。也有一些职场人士因为与原单位闹过不愉快，辞职时，喜欢拉上大队人马集体辞职，以为这样能挫伤公司的元气，但也损害了自己的形象。不管到什么公司，人家都会对其设防。这实际上得不偿失。

不管怎么说，一个人在一个单位工作一段时间，**不管这个单位有多么"不堪"，它其实对个人的职业生涯也是有意义的，最起码它给了你工作和处理人际关系的经验。**所以，在另谋高就的时候，最好平平淡淡、平平常常地离开，给别人留下一个"在原单位工作，我心情还是愉快的"这种印象对你本人没有什么坏处，不要让人觉得你恨不得是骂骂咧咧地走。有的人跳槽时，到各部门办手续，逢人便说自己总算"翻身得解放"了。中国人讲究一团和气、好聚好散，没有必要在离开的时候让别人对自己印象不好。**离职最好还是好聚好散。**

走的时候自己的权益要心里有数。原单位有没有克扣你应得的奖金和工资？你的养老、失业、医疗等保险、住房公积金，新单位有没有给你上？跳槽以后人事档案是转到新单位还是放在人才交流中心？这些涉及到自己权益的事情，还是要心里有数。尤其是到新单位之前，权益方面的事情最好打听清楚。有些小公司就是因为"小"，一些做得不规范之处员工也不计较，要离开时才发觉自己吃了很多亏。有个朋友调到新单位时，新单位不负责存档，他只好把档案拿在自己手里，该有的保险之类没有，等他又要跳槽时，新的单位看他的档案有很长一段时间空白，接收他就要给他补齐一笔费用，所以没有接收他，弄得他特别狼狈。所以，自己的权益一定要心里有数。

如果说个别员工的出走，企业尚觉无关痛痒的话，那么一个团队的出走，任何企业都不可能无动于衷，因为它产生的后果对企业有可能是致命的打击。

在现代企业，特别是高新技术企业中，单个员工发挥的作用越来越小，而团队的作用越来越大。精明的企业一算账发现，挖一个团队比挖一个人更合

算，可以节省一大笔培养费用、研发费用和市场拓展费用。所以不少企业委托猎头公司，把目标瞄准了团队。

由于是团队合作，想要跳槽的员工心里也明白，离开自己的团队，个人的价值会变得很小，而且到了新的公司，单枪匹马很难在全新的环境中迅速得势。所以，他们心甘情愿帮新东家去游说自己的团队，随后在谈判中也能抬高自己的身价。

遭遇集体跳槽的企业，老板往往以"员工不忠"来解释，多数企业自认为是受害者。当年北京某房地产公司十几位销售人员跳到其对手公司后，该公司的老总大为光火，在媒体上发表了类似于征讨檄文的长篇声明。而员工则以"老板不义"回敬，把一切归罪于企业的管理、待遇等方面有问题，离去是为了寻找更大的发展空间。

在某种程度上，正是人才的进进出出演绎了企业的生生死死，企业的生生死死活跃了市场经济。企业是舞台，人才是演员，在"老板"的导演下，向社会献上一台台精彩或不精彩的节目。

换个角度看，集体跳槽给企业带来的损失很大，但也给企业敲响了警钟，让企业及时去了解自己的员工，审视自己的文化，调整自己的政策。

你会发起或参加集体跳槽吗？之所以发生集体出走事变，必然是企业已满足不了出走者的需求，不论这种需求是出走者发展空间的需求，还是出走者思维定势的需求。多少人以凤凰涅槃后的顿悟走进新的天地，多少企业如释重负地送走旧人，又满怀希冀迎来新人加盟。所以这种行为至少以后会越来越多，只要你问心无愧，就无妨参与。整个"班底"的无形默契是减低全体人员对新环境恐惧，快速进入状况，发挥战斗力的关键。"为什么要带人一起跳？因为有表现的时间压力啊！"一位带领手下集体跳槽的主管坦言，别人以优厚的条件请你，当然也希望你尽快有所表现，而班底恰可省略掉在新环境磨合过程中，可能的不确定干扰因素。而且在竞争激烈的企业里，**一个团队整体被换掉不容易，但一个人就容易多了，至少人多可相互照应。**

这是一个创业的时代，想自己创业做老板的人越来越多，其中也包括众多并不得志的职场人士。所碰到的问题：时间紧、资金有限、经验缺乏、患得患失，是几乎所有想自主创业的职场人都会遇到的问题。针对这些问题，我的建议是：采取有针对性的措施。

措施一：对于不想冒风险而又想尝一尝创业滋味的人来说，不妨先尝试一下兼职。目前大城市上班族做兼职是一种常见现象。兼职职位有高有低，需要根据各人的能力、机遇而定。任何兼职，都可以锻炼能力、积累经验，还可以积累一定量的资金，又不占用上班时间，不用放弃目前的工作，正好能够弥补想创业的上班族的短处，可谓一举两得的好事。但是兼职的时候，一定要注意与自己的特长和未来发展的方向相结合。兼职是为了缩短自主创业的距离，缩短从打工者到老板的距离，如果为兼职而兼职，为眼前的一点蝇头小利斤斤计较，而忘记了对自己能力的锻炼和资源的积累，那就有点得不偿失了。

措施二：充分利用在工作中积累的资源和建立的人脉关系。这是上班族的一个特点，也是上班族的优势，学会充分利用在工作中积累的资源和建立的人脉关系进行创业，可以大大减少创业风险。比如有人原来在图像制作公司工作，与很多小公司、报社、杂志社、电视台、电视公司建立了关系，积累了人脉。时机成熟后就辞去了工作，自己成立电脑图像工作室。这相当于原来工作的延续，无缝衔接，几乎没有任何风险，便踏上了成功之路。

措施三：选择合适的合伙人进行创业。有些人没有时间自己创业，但可以提供一定的资金，或者拥有一定的业务经验和业务渠道，这时候可以寻找合作伙伴一起进行创业。与合作伙伴一起进行创业需要注意的事项是：责权利一定要分清楚，形成书面文字，有双方签字，有见证人，以免空口无凭。更不能等到赚钱再说。无数合作创业的伙伴，在公司没有赢利之前，双方都能够和谐相处、和和气气，一旦赚了钱，矛盾便开始出现，有时一发而不可收拾。这就是多数合伙企业，开始热热闹闹，中间打打闹闹，最后一败涂地的原因。

措施四：找准好的项目。有个小职员的项目就是开拉面馆，后来连开了5家。很简单，看准了地方，出钱盘下店面，请几个人，设一个店长，每个星期到店里走一趟算算账。因为店小，账目很简单，无非是进货、出货。将中间差价一算，刨除房租水电税费及人员工资，就是他赚的钱。既省心省力，又不花时间。类似项目非常适合想创业的职场人士。关键是你要开动脑筋，时刻留心，四处留心。另外该出手时就出手，不能犹犹豫豫。大家都在找机会，机会来了你不下手，一眨眼机会可能就被别人逮跑了。投资较少，管理相对简单，不需要创业者长年累月、耗时费力地盯在那里。

措施五：做一个好的产品代理。选择产品代理，最重要的是看清代理产品的发展前景。成熟的产品是不需要满世界打广告来寻找代理的，不打广告也会有许多代理人找上门来。打广告找代理的产品，一般都是尚处于市场拓展阶段的新产品，因而如何判明产品的市场前景，也就是产品之于代理商的"钱"景，是一门学问。其一，就是尽量不做大公司和成熟产品的代理，这类产品市场稳定，但利润空间小，条件苛刻，非实力雄厚者不能承受；其二，产品必须是正规企业生产的，经相关部门认证的有合法手续的产品。是否存在市场，可由其产品的功能和广告支持力度来判断；其三，产品的独特性与进入门槛要高。有些产品容易仿造，市场一打开，跟风者一哄而上，市场很快又垮掉；其四，最好直接与生产厂家接触，除非生产厂家有特殊要求。如果打算做二手、三手代理商，一要考虑上级代理商留给你的利润空间是否足够，二要考虑上级代理商的人品与信誉，三要考虑上级代理商与生产厂家的关系。上级代理商可能在你打开市场局面后将你抛开，以便独食其利；厂家炒掉上级代理商，也很可能会使你前功尽弃。

第二十八篇　职场女性的难与不难

职场女性要相信，别人歧视的不是你的性别，而是你的能力，要能承受压力。职场是让别人信任和依靠自己的场所，融合与被融合是最重要的，要控制好自己的情绪。压力的疲劳反应是自然的，但应对方式却是可以选择的。工作是女性获得充实生活的保障。

职场女性要相信，别人歧视的不是你的性别，而是你的能力，要能承受压力。职场是让别人信任和依靠自己的场所，融合与被融合是最重要的，要控制好自己的情绪。压力的疲劳反应是自然的，但应对方式却是可以选择的。工作是女性获得充实生活的保障。

　　时代不同了，现在男女平等的观念已经普及，这种观念首先就落实在职场中。无论是走进写字楼还是工厂，女性已经确实地顶起了半边天。但是传统的现代的偏见在职场里还是很有市场，各种女性的抱怨也充斥着媒体和书本。最常见的是女人面对就业中的性别歧视、性骚扰、心态不稳等等。

　　我个人建议女士们自我定位时不要把自己定位成女强人，也不要定位成弱女子。**别人歧视的不是你的性别，而是你的能力，要能承受住工作压力，不要狂妄自大，不轻易向男同事倒苦水，不要随便传话。**把办公室同事之间的关系定位在近于冷漠的基调上，可能正是未来办公室的理想定位，虽然这个定位可能并不适合中国人。不过这"理想状态"的实现还有待于办公室男女人士的共同努力。女性职场人除了和男人掌握一样的技能之外，还要加强自己的女性优势。女人有哪些优势呢？细致、关怀别人、性情温和、容易沟通，这些已经成为越来越多的现代企业对员工的要求。

　　有些女性职场人不受所有人的欢迎。我就遇见过不止一位这样被称为"神经质"的同事。如果她是你的主管，问题就更麻烦了。常见的不受欢迎的人有长舌怨妇，整天东家长西家短，对人品头论足，乐此不疲，成为揭隐私的发源地、谣言中心。有逐利动物，点滴小利也会沉不住气，撕破脸皮大动干戈一番，或是被别的女人抢了风头，就会引发嫉妒，联合起来将那人挤出门去。有冷美人，脸上带笑是有选择的，只对有权有势有用者绽放，对其他人一律冷脸，结果自身树敌过多。

　　但同样，做出辉煌业绩的女性更多，尤其是在媒体、公关、语言、行政与人力资源等女性的传统优势领域。**要明白职场是个把自己的才智贡献出去，让别人信任和依靠的场所，融合与被融合是最重要的。**职场中有种看不见的"收入"，比如提职、加薪、出国等，收入的决定权往往掌握在男上司的手里，这种实力加宠爱的收入，往往会落到那些睿智的优秀女职员手中。慧中之后的秀外才能长久，才能真正让人赏心悦目。

有位 IT 女性如此说她的工作：在 IT 业工作辛苦，不会因为你是女性就有所不同。我现在就很累，压力也很大，要处理很多琐碎的事情。IT 女性的最大职业优势是易于融入团队，会得到在数量上占绝对优势的 IT 男性的照顾。最大的困难在于不能同男性一样迅速得到能力上的肯定和同事的信任。IT 业发展速度快、工作挑战性高，注定了我们要承受更大的压力。而且工作经常会占用休息时间，有时调整不及，就会把紧张的工作状态带到生活中。坚韧应该是 IT 女性最大的优势，尤其在行业不景气时，女性更"沉"得下去。但女性也容易面临跟不上行业发展与知识更新速度的问题。想象中，工作应该是紧张而富有挑战、创新性的。但现实相差较大。工作中事情多、压力大，加班是家常便饭。而且有成就感的时候并不多，更多的是进行重复性的工作。好在我已过了刚工作时的适应期和调整期，心态更平和，处理工作也更顺手。我想我已经适应了这个圈子和这种角色了。细心和沟通协调能力好是 IT 女性的最大优势。但作为女性，随着年龄的增长，家庭会牵扯越来越多的精力，使得你能全身心投入工作的年限变短。

女人是感性的，男人是理性的。这话不无道理。大多数的女人无论是在职场，还是在情场中，感性总是多于理性的。有时就是因为女人的感性，所以获得了与男人不一样的灵感和收获。然而，当女人不合时宜地表现出过分的感性时，可能会造成不可避免的损失。这时，是到了女性职场人好好管理一下自己性格的时候了。

作为一个职场人要控制好自己的情绪。**碰到事情和问题多想个为什么，不能只凭着感觉和情绪办事，或是只想干好工作用业绩说话，在为人处事上太缺乏技巧费力不讨好。**有的女性一碰到让人恼火的事情就控制不住自己的情绪，尽管事后觉得不值，但当时就是不能冷静下来。其实凡事都有对策，遇到言语暧昧的男同事，可以冷静而适度地进行还击，正如一些女人所说，只要有一次让他下不了台，他就老实了。

别太在意别人的反应。有的女性太看重别人的看法和反应，在考虑问题时不够理智客观，顾虑太多。如果看到别人脸色不好看时，无论是上司还是下属，她都能够迅速做出反应，解释为什么要这样做，把自己清清楚楚地暴露给别人。有些事情是无需解释的。这样反而将本来挺简单的事情办得复杂了。**缺乏主见，一个连自己性格都管理不好的人，如何去管理下属呢？无论做什么事，都不要急于表态，某些时候沉默依然是金。**考虑事情要从大局出发，对上不卑不亢，对下恩威并重，并敢于有技巧地说不。

女人喜欢聊家长里短，所以"长舌妇"这个刻薄的词经常与女人联系起来。当然公平地说，长舌男也不少，但有意识的职场女性要注意避免自己成为此类人物。在职场中管住自己的嘴巴是件很头痛的事情，因为你根本无从把握什么话会冲撞了什么人。值得庆幸的是，讲话总是有规律可循的，按照这个规则认真执行就不会犯错或少犯错误。如果有同事问你别人的私事，你可以装出很忙的样子，知趣的同事就不会追问了。如果一位 OL（办公室女性）连嘴巴都管不住，那么她就连最基本的职场规矩都不懂。有的女性工作是推销，每天要接触很多客户，说话是她们安身立命的根本，要靠自己精彩的语言去感染别人，**但在工作时要少讲比较个人的话题，总是围绕公司开展的一些计划与同事进行讨论，这样就不会在职场犯更大的错误了。**有的同事喜欢扎堆聊天，难免要拉上你，可以去给她们打水，避免卷入其中。

女性职场人如何平衡家庭与事业的压力呢？生命中最重要的是事业还是家庭？

家庭、事业、个人成长、休闲、交友和财务，这几项是人一生中都应该考虑的，单方面突出哪一项，我们的人生都不会太圆满。而且在人生不同的发展阶段，对这几项的需求也是不一样的，关键是看在哪个时期。对你来说，最重要的是什么，你能够为这些重要的事情付出什么样的代价？

每个女人都会有不同的答案，在每个阶段也会不同，关键是你在乎的是什么。越来越多的人们开始觉得家庭最重要，同时事业也是实现自我价值的一个平台。在茫茫人海中，能够遇到一个人有缘和你牵手一生，是可遇不可求的，如果遇到了，他对你就是惟一的。而事业，是有许多可能的，并且是可以自己创造的，你的每一次事业的机会并不一定是你惟一的机会。

当然我们要看到职场压力仍然困扰着女性，怀孕就意味被别人接替位子。原来自己主持的项目会转移到其他同事手中，这牵涉到个人成就和尊严问题。生了孩子确实会使自己的工作、职场上的前途受到很大的影响。生孩子本来就是人类本性的表现，是最自然不过的事情，但是现在却受到那么多因素的影响。让女性在求职权和生育权之间选择，这简直就是歧视和轻怠女性的生育权。也许生活就是这样，得到一样就可能失去另一样。

无论是否公正，在许多领域里男人当权的现象仍十分显著，因而女人与男性上级的相处艺术直接关系到经济收入和职业的稳定。人格独立的女人特别希望遇到既自爱又善于用人的男上司，但"顺我者昌，逆我者亡"的差劲上司不仅存在，而且还很多，这也成为一种现实摆在职场女性的面前。**必须努力找到一种既保持人格又保住饭碗的方法，提高警惕，以免因小失大。**

首要的是给上司一点面子：凡是当领导的，都是要面子的，尤其男性领导在女下属面前。尽量尊重他，把他当领导看，这可避免不必要的麻烦。当然，请领导吃饭是一个办法，或者给他一个笑脸，或者见面问声好，适当的恭维也是有用的。如果他有了孩子，不妨和他谈谈孩子，夸夸他的孩子怎么有出息，这比任何一种恭维都有效。总之，该做的就要做，否则你的处境会莫名其妙地一天不如一天。

以诚相待，虚心请教。不论上司品德如何，其实都是可以以诚相待的。以一种高姿态与他相处，即使瞧不起他也不要放在脸上，不卑不亢是你对待上司的最好态度。下级应该学会服从上级，"领导怎么说就怎么干"其实是一种处世方法，虽然不是最好的办法，但起码不至于影响自己的生存。再说，任何人都是有长处的，多向上司请教请教吧，既然他是你的上司，就一定有做你上司的道理。

男人与女人的差别是长久以来人们不断探讨的话题。男人和女人有着不同的思考方式，不同的行为方式以及不同的情感需要，这些不同反映在我们生活的方方面面，当然，这种不同也反映在职场上。**事实上，职场女性的压力不比男性小，面对工作压力女性身心更容易疲劳，更容易表现出情绪上的反应。**女性的情绪像波浪，喜怒哀乐难以琢磨，同样地，在工作领域，当工作压力大的时候，也容易情绪波动，出现焦虑、发愁和急躁等情绪反应，这是由女性的生理特点所决定的。

面对工作压力，女性更倾向倾诉与忽略，男性更倾向解决问题与活动转移。压力是必须承受的，**压力的疲劳反应也是自然的，但压力的应对方式却是我们可以选择和改变的。**当面临压力或挫折的时候，男性比女性更可能寻求业余爱好并积极参加文体活动、坚持自己的立场为自己想得到的去努力、找出几种不同的解决问题的方法，以及尽量克制自己的失望、悔恨、悲伤和愤怒。然而女性比男性更有可能与人交谈，倾诉内心烦恼、试图忘记整个事情，以及自己安慰自己。总体而言，男性在面临压力时，更有可能采取直接解决问题和活动转移的方式来缓解压力，而女性则比男性更倾向采用倾诉、忽略或自我安慰的方式来缓解压力。

可能男性的应对方式更加积极有效，他们的应对方式更易促成事情的解决和目标达成，因为他们坚持立场并为目标而努力。这也最终导致他们的疲劳程度也比女性低一些。从职业角度，老板更喜欢解决问题型的员工，从自身角度，只有问题解决目标达成，压力才能从根本上解决，因此女性在某种程度上应该学习这种积极有效地面对压力的处理方式。

既然男人和女人有如此多的差异，那么我们在生活与工作中也需要顺应这种差异，并且在承认差异的基础上尽量去调整，使男性和女性能够和谐地相处。当女性看到自己的另一半或者男同事沉默不语并对自己不理不睬的时候，要想到，可能他的这种表现并不是针对自己的，可能他在工作中遇到了问题，正在独自思考解决办法。女性需要清楚，男人并不像自己那样有问题就喜欢说出来，这是他们应对压力的特点。另外男性也要了解，女性面对压力的时候是需要倾诉的，因为信任你，所以会对你诉说，她们这时更需要的是你的倾听以及关注的眼神，而不仅仅是你的解决办法。

压力不可怕，压力的不良反应和对其不正确的应对方式对企业的侵蚀才是可怕的。厌职情绪在女性当中相当普遍。这段时间厌职情绪高涨，只要一走进办公室就胸闷气短，真想辞职了事。父母大惊小怪地批评我：打工谋生的人有什么资格谈厌职？我怎么就没资格厌职了？打工的就必须毫无怨言地夹着尾巴做人？女人工作，真的全是为了钱吗？如果按照这个逻辑推理，如果不缺钱，那就完全可以不工作？

我曾听一位女经理说过："要是我每年不能挣到多少多少利润，我的业务就运转不下去。10年前，我什么困难都不怕，一心往前冲，多大的困难都认为自己有能力克服。可现在，我的经验多了，胆子倒变小了。苦苦打拼，承受巨大压力。我这是何苦来呢？每当这时候我的厌职情绪就滋生出来，非常想逃避，不想去上班了。其实我心里明白不能就此放弃。我总是认为，做事业就像抚养孩子，既然生下了，怎么能撒手不管？一定要负责到底才对。"

很多做销售员、创意人员和公司经营者的女性都在抱怨：连续不断的业绩考核和生存压力使神经濒于崩溃，想放弃工作又舍不得高薪的待遇或已经取得的成绩，可如果神经长期处在紧张的压力中，对身心都是没有好处的。如果想长期从事压力大的工作，就需要具备激情、经验、毅力和好心态。如果对照之后发现自己有某些不足，应该着重培养和锻炼。一旦发现自己因为压力开始厌职，就应该给自己放个假。**压力应该是阶段性的，由放松的假期来补偿，由此恢复平衡的心态，这样才可以举重若轻地对待困难。**

另外还有很多关于"心情"的理由：上班要早起，可我喜欢睡懒觉；工作太辛苦，可报酬却不尽人意；我讨厌这个工作；不舒服，不想上班；外面阳光灿烂，逛街不比上班有趣多了？挣那几个钱值得这么卖力吗？没理由，就是讨厌上班！女性的情绪化流露一直是影响她们在职业领域里发展的主要障碍。情绪型厌职会在各个年龄段的职业女性中发生，但最多、最频繁的是年轻女性。她们精力充沛，兴趣广泛，没有家庭经济负担，在工作中担当的责任较少，于是工作对她们来说，有了更多"玩票"的性质，她们更愿意从"兴趣"的角度来对待工作，所以有了很多的"愿意"和"不愿意"，"高兴"和"不高兴"。

工作的第一功能是谋生——取得自立的经济地位。但工作的意义远不止如此。当温饱不再是生活中的难题，工作是把女性个体和社会群体结合起来的最有力的纽带。从这个意义上来说，工作是女性在现代社会中获得充实生活的保障。找到自己喜爱的工作，便是找到了幸福大厦的入口，这话一点不假。明白了这个道理，再想想自己目前的厌职情绪根源在哪里，然后针对问题加以解决：可以改变工作，也可以改变心态和承受力。

第二十九篇　敢闯的女孩升职快

办公室是工作场所，是职业环境。职业女性必须成为敢闯的女孩。需要展示你的女性身份和女性优势时，就去展示，否则就做中性人。女性在管理层具有优势与特长，更适合创业，但劣势是缺乏冒险精神。不可忽视可能遇到的困难与挫折。

办公室是工作场所，是职业环境。职业女性必须成为敢闯的女孩。需要展示你的女性身份和女性优势时，就去展示，否则就做中性人。女性在管理层具有优势与特长，更适合创业，但劣势是缺乏冒险精神。不可忽视可能遇到的困难与挫折。

　　今天，在写字楼的工作里似乎无所谓男性女性的划分，所有的职位都向两性开放，谁有能力就可以坐上这个位子。但毕竟职场仍然是一个男性在先前的生产中依靠体力优势建立起主导地位的王国。**要表示你是个可以信任的职业女性，就必须放下性格中那些优柔、依赖的一面，学得果敢、决断。女性化特征太明显，会显得比较业余。**通常的观念认为，所有不专业的事情只会干扰你做事的绩效，都应该避免。在办公室不要强调性别特征。

　　在硅谷的高精尖世界里，男性一直是主角。惠普公司女总裁卡莉·菲奥莉娜对性别问题一直保持低调，她说"我先是管理者，然后才是女人。""我希望每个人都能明白，在公司的管理机制中并没有什么所谓的玻璃屋顶去限制你的发展。我的性别也许是很有趣的话题，但是与公司的整个发展来看，那不是最重要的。"**女性高层管理有一种境界，当需要展示你的女性身份和女性优势时，就去展示。当需要在职场当中没有性别区分时，就做中性人。其中灵活是最重要的。**

　　很多职业女性认为在条件相同的情况下，男性同事更容易得到升迁，认为拥有良好的沟通、协调能力是自己最大的职业优势，劣势是逻辑分析能力较弱和缺乏冒险精神。英雄所见略同。有位美国女性凯特·怀特写了一本叫做《敢闯的女孩升职快》的书，她认为，妇女的玻璃屋顶之所以存在，并非是由于管理人员均为男性。她认为，妇女是由于她们自己的好女孩个性才创造出她们自己的玻璃屋顶。她分9个步骤详细阐述了一个好女孩如何变成一个敢闯的女孩。敢闯的女孩能冲破玻璃屋顶，获得她们想要的东西。

敢闯的女孩与好女孩的个性各有9个对立的特征：

1. 好女孩循规蹈矩，敢闯的女孩打破规矩，或者自立规矩；

2. 好女孩事事想做，敢闯的女孩对未来有一个明确的目标；

3. 好女孩拼命工作，敢闯的女孩只做重要的事；

4. 好女孩想让人人喜欢她，敢闯的女孩对此毫不在意；

5. 好女孩温良恭俭让，敢闯的女孩无论谈吐走路都像是成功者；

6. 好女孩等待表扬和提升，敢闯的女孩想要什么就直接要求；

7. 好女孩不敢正视问题，敢闯的女孩迎着困难上；

8. 好女孩在乎他人意见，而敢闯的女孩相信自己的直觉；

9. 好女孩从不冒险，而敢闯的女孩敢于机智地冒风险。

书中提出，好女孩的习惯是在童年时形成的。"好女孩的个性在观察家长行为方式的孩提时便已养成。她的父母传递给她信息时，好女孩的种子已早早地在她身上扎了根。"好女孩看到她的母亲承担起照顾全家的首要职责，而她的父亲不过是在帮忙。女孩们被告知，抗拒父母的命令或发怒会显得不可爱。**因此，要想成为一个敢闯的女孩，必须首先从积习的心理上战胜自我，然后才能迈向成功。**

生存于当下社会，压力无处不在。在职场，情绪化的人往往被贴上"不够成熟"的标签，但克制也不总是美德，如果对解决问题以及快乐的发生于事无补的话。自然主义风潮至上，偶尔放纵一下情绪有利身心健康。相对于男性而言，女人更容易"闹情绪"。面对坏情绪，大多数女性选择的是先让自己放松下来。"迅速逃离那个让自己生气的人或事"或"找人聊天"等是惯常被女性采用的情绪转移法。还有情绪消费。这些方法对于缓解临时的坏情绪十分有效，但并不能从根本上解决真正的问题，有时还可能引起家庭矛盾、导致不必要的经济损失等。待情绪平复后，需回过头去，再面对出现的问题，**否则，潜**

在的问题一再被搁置，不良情绪和不良关系日渐累积下来，会导致破坏性的情绪爆发。

如女律师作为专业人士，承受的工作压力与男性是一样的，却又经常性地受到男律师没受到的性别歧视。每一件需要用到律师的事都是麻烦事，甚至人命关天。乍一看，女的就是缺一点安全感。所以做女律师要取胜就只能有更好的内功。在这个行业里，直面生存的压力，因为律师事务所是真正的自负盈亏；直面竞争的残酷，对手可能又是同事；直面胜负的结果，要在庭上忍着听完败诉的宣判。这一行里是没有机会做女人的。当然，你忘了自己是个女人，别人也会忘了你是个女人。**在工作上要忘记你的性别，也让别人忘记你的性别。**但回到家里自己就得记住。

1998 年，柯达公司获准在中国投资 12.6 亿美元建立全球重要的感光材料生产基地，中国除了保留"乐凯"品牌之外，其余的感光材料生产企业均以关、停、并、转的方式划到柯达旗下。这是柯达公司与中国整个行业合作的成功模式，也是柯达在全球与政府开展合作的典范。叶莺，这位东方女性正是这一模式的核心缔造者之一。

任用叶莺，也许是乔治·伊士曼创建柯达百余年来该公司用人上的一个最精彩的抉择，是柯达价值观与用人文化的胜利。正是有了叶莺，有了她出类拔萃的沟通技巧与工作能力，她的政治与社会关系资源，柯达才得以在中国完成其 30 年以来在海外的最大投资，取得影响全球战略的重大成就。

加盟柯达之前，叶莺曾经在美国政府外交部门服务 17 年，是美国第一位被任命为公使衔商务参赞的女性，是美国外交史上职位最高的女性。作为全球影像业的领袖，柯达在美国行业内是独一无二的，没有竞争对手，同时，柯达在中国发展的宏大构想也深深吸引了身为华人的叶莺——"我要做一件事，它对中国有利，同时对我所服务的机构也有利。我希望双赢。"于是，柯达便多

了叶莺这名"女帅",有了这名全球顶尖的"巾帼英雄"式的人才。她也为柯达在中国创立"柯达模式"起到了决定性的作用。

当时,柯达与各企业之间的谈判并不是一帆风顺,由于各方利益分歧过大,并且缺乏必要的沟通,谈判常常陷入僵局,双方很难找到共同的语言,拖了3年多时间,直到有一天叶莺出现在谈判桌前。

参加过谈判的人们认为叶莺参与谈判最大的作用就是促进了双方的互相沟通,"她使大家了解对方的意图,对方的要求。她能使双方取得一个共同的想法。然后她尽力通过她的努力和大家一起努力,来达到这个最终的结果,这个最终的结果是双方都很满意的。"

叶莺靠她深厚的东方文化底蕴以及对西方文化的熟悉,在参加谈判的双方之间架起了一道沟通的桥梁。叶莺的努力促成了双方之间在道德与文化的层次上建立了互相的信任。

原上海某感光材料工业总公司总经理是在与柯达谈判中态度最强硬的一位国企领导,他对叶莺在谈判中的作用深有体会,"我们和柯达谈判的整个过程中,她没有参加之前,处在一种非常焦灼的状态。互相的沟通非常的不畅,大家不了解双方的需求,缺乏信任。叶总参与进来以后,她能够迅速获得双方的信任。她传达了中国政府对于鼓励柯达进军中国,进行长期的投资的一种坚定的立场。她也使中国企业的一方了解到对柯达的战略投资是真实的,是真正要实施的。叶莺帮助双方建立起了信任,整个谈判就顺畅了。"

世界存在奇迹,而奇迹由人创造。当柯达的用人系统开始启动,当柯达奋力将叶莺这名全人类的女性精英"抢"到手,就宣告奇迹开始孕育,就注定了柯达模式的诞生。"柯达模式"指跨国公司与一国整个行业的全面合作,实现双赢,在全球绝无仅有。而实现这一切,正是因为柯达用人大师的战略眼光,正是因为任用了起到关键作用的人才。也正是在用人唯贤的柯达这方寸土有用武之地，第一次进入企业界的叶莺即完成了从人才到英才的蜕变，为柯达模式的成功立下汗马功劳的叶莺成为柯达全球 4 位华人副总裁之一，并成为柯达高层惟一的一名女性。

对职场女性而言，如何处理好家庭和事业的关系依然是面临的最大的挑战，一些女性在鱼与熊掌间做着艰难的选择。有的人总在彷徨：三十岁了，忙于事业，但嫁不出去，怎么办？其实这和事业没关系。也许从前在你的潜意识里，因为怕嫁出去，就拼命工作，好给自己找个理由。结婚就意味着女性多了一个连带的责任——家庭。有人说女人只在结婚之前才有追梦的权利和时间，否则就会因为各种各样的原因而减弱，不结婚的理由大概和事业关系不大，但是事业忙是让自己不结婚的理由。**但结婚和实现梦想未必一定冲突，也许还会对实现梦想有推动呢。**

当大多数人还在为进入大公司做白领粉领努力奋斗时，有这样一小群女性却开始了无声的撤退，从奋斗的阶梯中出来，从写字楼的恒温中离开。她们已经选择量体裁衣，找到了最适合自己的生活方式。目前中国女性的十大最赚钱职业，以公关为首，其次是人事经理。公关是女性的传统优势项目，在传统上，女性比男性具有更大的公关优势。其次，负责人力资源培训与管理的人事经理越来越受到重视，**一个现代企业，最重要的不是资金是否充足，而是有知识有能力并与企业同生共死的员工，女性所特有的亲和力及号召力使她们更胜任人事经理的工作。**其他的女性赚钱职业还有传媒、外企白领、注册会计师、保险经纪人、金融银行业等。

不论是高学历女性凭借专业知识提供服务给企业，还是一般妇女靠才艺或一技之长提供服务给消费大众，女性在职场上都有宽广的选择空间。最常见的女性创业者集中在以服务业为主的领域，比如：

1. 创意服务类。以创意想象、执行为主要工作内容的职业，适合需要自由、不受拘束的创意工作者，由于在工作地点上非常具有弹性，因此也适合想兼顾家庭的SOHO族，包括企划公关、多媒体设计制作、翻译编辑、服装造型设计、广告、音乐创作、摄影等。

2. 专业咨询类。以提供专业意见，并以口才、沟通能力取胜的行业，包括企业经营管理顾问、旅游资讯服务、心理咨询、专业讲师、美体美容咨询顾问等。

3. 科技服务类。在网络及电脑科技如此发达的情况下，拥有相关专长创业机会相当多，包括软件设计、网页设计、网站规划、网络行销、科技文件翻译、科技公关等。

4. 教育看护类。包括儿童教养与老人看护，包括才艺班、幼儿园、托儿班、居家照护、老人安养服务、家政服务等。

5. 生活服务类。主要以店面经营方式为主，包括咖啡店、餐饮店、服饰店、金饰珠宝店、鞋店、书籍文具店、音像店、美容护肤店、花店、宠物店、便利商店等。

由于传统的影响，我国成功创业的女商人或女企业家为数不多，成大气者寥寥无几。关键是女子在创业时没有走出心理误区。女性生理上的特点往往给她们创业带来一定的局限性，都给女性带来男性所没有的特殊困难，使学习和事业受到不同程度的影响。加上逻辑思维能力不如男性等，女性这些固有的特点，往往给她们在智能的发挥、职业的选择、成功的机会方面带来一定的局限性。社会上"女生就业难"的说法束缚了部分女生。一些人寄望于家人、亲友等"一切可以利用的关系"，想走捷径。在工作信息的收集、机会的争取上等，她们也比较被动。男生创业成功的故事对许多女生而言简直"不可思议"。

可是，生理的弱点并非成为不可逾越的障碍。科学家认为男人多半是左半球的人，女人多半是右半球的人。大脑左半球是管抽象思维活动的，大脑右半球是管形象性和运动性活动的，所以男子职业选择倾向于抽象思维类职业，女子则倾向于形象思维类职业。**女性天生的直觉、理解力、柔性、协调性决定其在管理层具有男性无法比拟的优势与特长，从这个意义上说，女子更适合创业，自己当老板。**

调查表明，由妇女领导的法国企业不仅更有利可图，而且更有活力。年营业额在1～5亿法郎之间的中型企业里，由妇女领导的企业的平均收益率是所有企业平均收益率的3倍。在美国，妇女自己开公司的企业占美国所有企业总数的28％。认为妇女只在零售业和服务部门开设公司的看法是一种误解。在农业、工业和熟练技术性行业里已有许多公司是女老板。妇女掌管的公司通常相当小，发展十分缓慢，但是与其他一般公司相比，"死亡率"低、破产少。一般来说，女店主要比男子在改善职工工作条件和社会福利方面投入的资金多，更受社会欢迎。无论是理论上，还是实践上，无一不证明女子创业的优势，但是，**在创业过程中，女性遇到的困难与挫折绝非男性公民所能想象。**

第三十篇　工作与婚姻的异同

人在职场，开始讨厌工作的期限与每个人的经历息息相关。工作大都是随遇而安，"结婚"了就要履行合同以内的义务。每个人都应该为自己的选择付出代价，无论是甜蜜的还是失意的。工作只要有希望就不要轻言放弃，也许会有意外的收获。

人在职场，开始讨厌工作的期限与每个人的经历息息相关。工作大都是随遇而安，"结婚"了就要履行合同以内的义务。每个人都应该为自己的选择付出代价，无论是甜蜜的还是失意的。工作只要有希望就不要轻言放弃，也许会有意外的收获。

一次次，满怀憧憬地奔向一个新的用人单位，而又一次次地带着失望的眼神遗憾而归。也许你会又发现一家用人单位，单位的招牌以及名气是那么的响亮，主考大人的许诺与祝福是那么的诱人心动。此时此景，你可能在扪心自问，这家用人单位是我未来的职业舞台吗？这一次的应聘与面试，能决定我未来职业的归宿吗？这家用人单位就是我梦寐以求的所谓"天荒地老的职场婚姻"吗？可现实总是那么的残酷，努力在职场中奋斗了若干年，回头看看，带给很多人的仍只有"英雄无用武之地"的哀叹！

有人说，找工作就像找老婆。可某一天，当你发现自己已经开始讨厌这份工作时，它是否就像你的糟糠之妻？**婚姻有所谓的七年之痒，人在职场呢？这个期限与每个人在职场的经历息息相关，三年、五年，甚至十年都是有可能的。**

和一位私企老板聊天。他是个本分的老实人，平时很容易相处，只有在生意场上谈判时才显露出他过人的一面。谈起这些，他深有感触地说：不是有部电影名叫《七年之痒》吗，虽然那是指婚姻，但我感觉自己在职业发展上也经历了这所谓的"七年之痒"。

大学毕业那年我回到了老家，在政府机关工作。在父母眼里，我是一个比较争气的儿子，所以按他们的意愿，接下来我的任务便应是结婚生子，过他们早已过惯了的生活。但是这一次我却违背了他们的旨意。要知道，读了四年的大学，所学所看所想已不同往日，经过了繁华都市的洗礼，我希望自己能学以致用，有所作为，而不是囿于一隅过着和大多数人一模一样的生活。那时我表面的顺从下面，隐藏着难以泯灭的幻想。

在老家的那段日子，我除了上班就是学习。一年之后，我再一次回到省城，经过一番拼搏，进入一家国有大型进出口公司工作，这一做就是六年。其实，在那几年里我并不是没有想过换工作。像我们这种做贸易的人，只要手边有一些稳定的大客户，你就可以考虑脱离原有公司独立门户，当时我有很多同事都选择了这条路，而且做得也相当不错。看着别人步步高升，钱越赚越多，有的开着豪华车回来找我叙旧。而看看自己虽然为公司赚取了高额利润却只能拿很少的提成，还是蹬着自行车上下班，心里真不是个滋味。然而，怪就怪自己瞻前顾后不敢一搏的个性。

走到今天这一步，要感谢我当时的女朋友，也就是现在的太太。在她的鼓励与支持下，我才在工作了七年后毅然地摆脱了打工的日子，自己开公司当起了老板。现在回想起来，可谓是"痛定思痛，痛何如哉"，那段日子可能是我有生以来最迷茫彷徨的日子。以前的公司就如同结婚七年的妻子，虽然彼此间早已没有了感情，可说分手就分手也不是件容易的事。摆脱原来的婚姻，一种自己已习惯的生活方式，这需要勇气。

另一个女孩（其实年龄上已经不该这么叫了）。22 岁毕业走进社会，工作六年，今年我 28 岁。28 岁是不尴不尬的年龄，不再坐享父母的给予，总在绞尽脑汁地筹划明年的升迁。没有身边相伴的人，工作总是逼着自己的脚步越来越加快。

由于大学学的是广告，所以我很幸运地在毕业后能学以致用仍做广告。一开始，因为没有任何资历，我只能拿着大学里做的幼稚的平面设计四处应聘。一次次的应聘让我渐渐掌握了一些面试小技巧，果真不到一个月，我找到了第一份工作：在一家比较大的广告公司负责设计方面的工作。因为大公司分工很细，所以自己反倒学不到什么。后来通过朋友的介绍，我成功地跳到了另一家

小了很多的设计工作室。在那里每个人都要独当一面，比起前一份工作，它更能锻炼人。而且在那儿，我第一次体会到了通宵达旦工作的乐趣和苦衷。

朋友们都说，干我们这行就是在吃青春饭，很少见30岁以上的人再来做这个的。因为工作强度大，有时候需要连续加班，几夜下来，小伙子胡子拉碴，女孩子则一个个像黄脸婆。我妈实在舍不得她宝贝女儿日渐憔悴，说什么也不让我再待下去。我也怕自己还没嫁出去就已经"人比黄花瘦"，就又换了一个公司。

然而由于专业的限制，我始终摆脱不了广告，这也就意味着我仍然经常在午夜两点半从公司的写字楼里游出，独自在空旷的大街上行走。夜景虽美，人却变得委顿、乏力，脸上永远挂着无法恢复的疲惫；而我的着装也开始严格地按照规定式样和颜色的搭配，中规中矩地符合自己的职业身份；偶尔照镜子，却又突然发现眼睛不知何时已经蒙上了层世故；而我梦中的理想事业也不知停留在何方。于是乎，我又不得不再三告诫自己说，你已经不是小孩子啦。房子还在供着，车子还未买，每天24小时还不够，哪有时间顾影自怜。

婚姻是先恋爱后结婚，工作是先结婚后恋爱。婚姻是彼此非常了解后才把自己交给对方，直到愿意为他付出自己的全部，而工作中很少有这种情况，大都是随遇而安。心甘情愿也罢，为生活不得已也罢，木已成舟，"结婚"了就要履行合同以内的义务。

生活中大部分的婚姻是先恋爱后结婚，工作中大部分却是先结婚后恋爱，职场体验，有"众里寻她千百度"的惊喜，有平平淡淡的宁静，有误入火坑般的懊恼和伤心，可谓五味俱全。

回忆一下当年你第一眼看到那家公司的情景，气派的招牌、鲜明的标识就像女孩明亮的眼眸和随风飘动的长裙。让你一见钟情，义无返顾。同漂亮的女子难追求一样，优秀的公司用笔试、初试、复试、录用面谈来验证你的真心，关卡重重。有人说，面试是相亲的游戏。但这些只是开幕式，等到签署了自己名字的合同正式开始履行时，你和公司不同的角色才正式上演。

于万千岗位中寻觅到了她，她在千万大众中选择了你，不能不说是缘分。好像男女的相恋，从怀着梦想的相亲，到彼此融化一切的热恋，最后为了表明彼此的心迹，你们相互签定有着制约效果的合同。婚姻的合同年限是一辈子，劳动的合同年限一开始一般是一年。你怀着悲壮和必胜的决心感化了板着长脸的面试官，如同终于成功的恋爱，挽着心仪的人走进了结婚的殿堂。

面试官的许诺如同牧师动听的祝福一样渐引渐远，婚后的柴米油盐冲淡了当初的欣喜和浪漫。沉默的电脑、积压的文件、重复枯燥的劳动让你对工作越加烦闷。如同结婚是爱情的坟墓，你被工作埋葬了许多爽朗的欢笑和自在的心情，这时候你才发现，这份工作就如某些婚姻一样，本来就不该有开始。如果能有良好的工作氛围，真的像一个温馨的家庭那该多好。有人说，我挣的钱不多，但是我很快活。有人说，我挣的钱快把自己淹死了，但是我感觉不到丝毫的快意。**每个人都应该为自己的选择付出代价，无论是甜蜜的还是失意的。**

频繁的离异总是被传统的卫道士看做不忠的原罪，过多的跳槽在人事部经理看来无论是多么的可以理解都无法让人接受。索然无趣便想红杏出墙，但郁闷归郁闷，你发现兼职的难寻如你面前那堵高耸的砖墙，斑驳而威严。**"喜新厌旧"是婚姻和工作经常遇到的问题，永不满足，看着远方。**没有人会对自己曾经爱过、恨过的人真正彻底忘记过，也没有人会对自己工作过的地方完全形同陌路，心中总会有淡淡的牵挂。**真正在这里奉献过了，在这里实现过自我价值的人除了感叹应该是没有遗憾的。**

这个世界再薄情，仍然可以找到很多相濡以沫一辈子的夫妻；这个世界再温情，却难找到在一个公司奉献了一辈子的员工。所以合同还是要认认真真地签的，现在流行婚前财产公证，劳动合同却是知识财产的公证，如果合同都没有，离婚的时候，到哪去维护自己的合法权利？顶多算个非法同居，就算告状也没有合法身份，除了知情者几声同情的叹息，最终哑巴吃黄连——苦的只是自己。

　　终于离了。你又发现一家公司，仍然诱人，面试官的许诺仍然如祝福那么动人。你自问：人一生又能离几次？离到衰老，离到梦想破灭？

　　职场如婚姻。但据说辞职和离婚不同，婚姻是收益递减，离婚一次，价值就衰减一次；辞职一次，对个人来说，由于经验的增加，带来的则是个人身价的提高。真是这样吗？我们都听过大减价时富有诱惑力的招呼，走过路过，千万不要错过。其实工作何尝不是，只要有希望就不要轻言放弃，有时候同甘共苦是一种美德，伴随着的也许是自己意想不到的成功。

第三十一篇　以此为家

职场人士的婚姻困难就在于心理定位

自我拔高，恋爱成了一件奢侈的事情。现实

会把同事慢慢磨成了亲人，工作场所是最有

可能寻找到意中人的地方，但要谨慎处理。

办公室恋情最精彩的部分就在于必须掩过众

人耳目，有平常恋爱所不能体会的快感。

职场人士的婚姻困难就在于心理定位自我拔高，恋爱成了一件奢侈的事情。现实会把同事慢慢磨成了亲人，工作场所是最有可能寻找到意中人的地方，但要谨慎处理。办公室恋情最精彩的部分就在于必须掩过众人耳目，有平常恋爱所不能体会的快感。

　　有人说，当前职场白领择偶的四大特点是：择偶圈子小，闲暇时间少，工作压力大，个人眼光高。于是，婚姻成了老大难问题，越来越多的办公室一族开始选择相亲这种古老的婚介模式，走进婚姻。在舆论推波助澜下，这帮困在办公室里的男男女女大有被孤立化的趋势，似乎这是一群远离社会、生活，高高在上的工作狂式的"贵族"，他（她）们拿着令人羡慕的高工资，开着豪华汽车，住着高级公寓，嫁不了好男人或娶不着好媳妇。

　　实际上，根本不是那么回事！职场白领如同中国所有阶层的人一样，从收入的分析来看，也是呈"橄榄形"，即两头小中间大的状态：优秀的成功人士和一般的比较差的人士都比较少，绝大部分是中间状态的，或者说也就是中级公务员的水平。这后一类人换算成北京的标准平均月收入几千块钱，工资其实并不算太高，但因为在诱人的外企或高傲的国企工作而被外界误认为属于高薪阶层了，真正出现"婚姻危机"的也是这部分人。

　　他（她）们的收入被夸大了，身份被抬高了，自我心理价值也莫名地膨胀了，真拿自己当回事儿了，实际上，并没有那样的地位、能力和收入，这些人是"小资"的主要组成部分，是推动时尚和中、低消费的主力军。**这部分人士的婚姻之所以困难就在于自己的心理定位被自我拔高了，所以，高不成低不就。**明白这个道理，用什么方式去成全其婚姻就不是主流问题了：同所有未婚男女一样，该怎么见面就怎么见面，该怎么着就怎么着，不要再大惊小怪了，否则，对这帮人将是很不利的。

　　按照传统的观念，恋爱总是结婚的前奏，**时下，恋爱却成了一件奢侈的事**

情。**因为工作太忙，或是要求太高，**都市里成功或不成功的男士，要么没办法发生爱情，要么不知道到哪里去认识合适的女孩。他们想结婚却不想恋爱，因为恋爱的代价太高昂了。金的银的白金的钻石的王老五们的理想，是找个开朗开放的女孩做情人，娶个清纯保守的女孩做老婆。

再来看看待嫁女孩的择偶标准——经济是基础，学历也重要。两者皆没有，潜力亦看好。此外，还得有大众化的身高和外貌，以不损害市容不吓坏丈母娘为底线。只不过潜力一说有点悬，谁又能掐会算，看得出男朋友五年十年之后的走势？又不是《史记》里头的刘邦那厮，时不时的头上罩一片祥云，宅上冒一缕紫气。

总而言之，在广大姑娘的心目中，男人就得独立，就该像一棵能挡风避雨遮太阳的大树。成功女子说：我的容貌才能和财富都属优等，我能找个中等男人吗？聪明女子说：不能找个我很爱的，否则我的压力会很大。如果双方的爱加起来有100％，我希望自己付出30％，他付出70％。浪漫女子说：我又想凑合偷懒又不甘心，结婚不仅是两个人搭伙过日子，丈夫不单单是长期的饭票和工友。两个没有爱情的人像木头一样一起生活实在是太可怕了！只有个别贤惠女子会说："结婚以后我会慢慢进入角色的。"虽然她清楚地知道"其实婚姻就是一场赌博"。

于是，都市中未婚的男女"白骨精"（白领、骨干、精英之简称），一个个把自己按斤两和等级估好了价，只等性价比相当的人前来匹配。只可惜人海茫茫，所谓缘分，常常是那么的虚无缥缈，可遇而不可求。巨大而又狭小、拥挤而又空旷、热闹而又静寂的城市让他们变成了爱无能。不过，从对待婚姻的态度来看，守护传统大旗的仍然是男人。他们满怀信心地把婚姻托付给婚介所，等待月老牵的红线，即使很多月老只认银钱不识红线。反正现如今，结婚容易，离婚也不太难。女人们则说："有了经济上的独立，我们对生活质量的要

求也提高了。除了婚姻，还有更多的生活方式可供选择。"也不知道是前卫的底气多还是无奈的成分多。

校园里青涩的感情多年以后往往会发酵成难舍的一抹回忆，所以现在流行**怀旧。问题是当年潇洒的老师已经成了慈祥的老头子，当年漂亮的女生发福了，当年成绩最好的男生成了一个只会傻笑的中年男人。于是乎仍然孑然一身的人们发现跟那些青梅竹马的老同学其实已经没有什么感情了，大家相互见面问问这些年里各自的状况，然后各自再见，回去之后就不再想念。除了怀旧，他们没有任何现实利益的牵扯，保持联系就显得十分牵强了。大家都明白，如果人与人在五年里都可以做到不联系，那么其实彼此在各自的生活中已经毫无现实意义可言了。**

自然规律不可违反，该找的对象还得找。最有可能结识男朋友、发展恋情的地点是——办公室。可怜的职场人们真正做到了以此为家。当年的同学，哪里有如今朝夕相处的同事来得亲热，对手是共同的，目标是一致的，时间处久了，连声音、语调和举止也相像起来，渐渐变得像亲人，也会板面孔吵架、翻脸，但不多久就开始和好。**现实就这样，把同事慢慢磨成了亲人，而曾经依恋的同学，就那样慢慢淡出现实生活。**

看来在这个通讯日益发达的数码时代，我们的恋爱圈子不仅没有扩大，反而正在缩小，所谓的"近水楼台先得月"，说的就是这个意思。朝九晚五？那已经是唐宋传奇，今天的现实是朝九晚九。屈指算算，每天和同事们共处的时间已经超过12个小时。办公室狭小的空间里，有的是机会让每个人充分表现优缺点，据说，就是这样长时间的相处和加班，成为滋生办公室恋情的温床。

面对办公室恋情，多数人持否定态度。但事实上也并不全都如此，据英国的一个最新统计，办公室促成了英国1/4夫妻的姻缘。可见，理智培育办公室爱情，终能修成正果。**心理学家认为，工作场所是最有可能寻找到意中人的地**

方，在共同的环境中人们容易培养出共同的习惯和个性，这些都是爱情的基础。

但是，办公室恋情最大的麻烦是把私事和公事混为一谈，感情中的双方会很难把同事和恋人的界限划分得那么清楚。所以，处理不当，办公室恋情会相当危险。要记住处处留情，步步为营。在工作中和同事陷入爱情，是一回事；但利用工作机会追逐又是另一回事。这让人质疑你的职业操守，老板也未必高兴。

在办公室和多位同事上演系列言情剧是最愚蠢的，不仅会败坏你的职业素质，还会让同事暗地里非议你的人品，哪怕你确实有出色的工作能力。在感情问题上常犯的错误是短视，纯粹的感情用事。在对同事产生好感的同时，要想明白你是不是真的爱这个人，发展这段感情会不会有损于工作本身，影响职业前途。想明白了，再袒露心迹也不迟。

一旦好事难成就妥善分手，成不了朋友也不要结成仇家。两个人的分分合合，本来是平常事。但如果你们在一家公司工作，公司又不大，分了手仍然低头不见抬头见，就别提多尴尬了。所以，如果要分手，要尽量处理得妥妥当当，也免得给大家留下茶余饭后的谈资。当年麦当娜曾和她的健身顾问卡洛斯相爱，他们生了女儿后，发现其实彼此并不是一路人。分手后关系都很好，麦当娜总是对媒体高度评价卡洛斯。

幻想利用感情征服上司的人要冷静。工作中的上下级惯性会把问题带回到家中。二人之间存在权力鸿沟，那么回到家里也难以平等。在处理家务事时，谁说了算？这念头会时时困扰你。**如果和上司产生恋情，最好的解决办法是改变工作中的角色，申请调换职务，这样，他（她）就没法直接指挥你了。**

要爱就爱志趣相投的同事。同事之间谈恋爱，平等是保证情侣关系健康发展的重要条件，否则你很难平等表达自己的意愿，也不能和他进行同一水平的

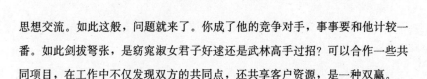

思想交流。如此这般，问题就来了。你成了他的竞争对手，事事要和他计较一番。如此剑拔弩张，是窈窕淑女君子好逑还是武林高手过招？可以合作一些共同项目，在工作中不仅发现双方的共同点，还共享客户资源，是一种双赢。

　　坠入情网无法自拔？有头脑的职场人和凡夫俗子一样有可能发生。热恋中的同事往往会一时失去理智，但不少人也为此付出了惨痛的代价。**谨慎处理你的办公室罗曼司吧，平稳的家庭或爱情生活多少让人产生倦怠，一旦脱离它，哪怕是上班或出差，都会有过蠢蠢欲动的想法。**不过你要将之公布于众，你就要有思想准备——你身边每一个人都暗地里拿着放大镜察看你的一举一动。新恋情将对原有的生活、工作造成什么样的影响？计算出结果，再采取行动。

　　办公室恋情，其最精彩部分就在于它必须掩过众人耳目，从地下暗暗滋生出来，那种"偷偷爱"的乐趣，有着平常恋爱所不能体会的快感。同事间的玩笑话有时候会愈演愈烈，尤其涉及到情情爱爱时更有现实意义。想想每天八小时都和他或她在一起工作，加起来的时间比家人、朋友都要多，物理学上都说异性相吸，不要说这些职场小白领们。本来他们就因为工作忙碌，交际圈子小了许多，好不容易在公司找到真爱，却因为吃的是窝边草而益加艰难，有时还受到公司土政策的当头棒打，真是天下一大煞风景事。

第三十二篇　生活的真谛

工作能给我们的不应该只是薪水，如果我们觉得不快乐，不安全，完全可以改变这种状况，放弃一些东西。我们可以找到支持改变的方法，工作是为了更好的生活。人不可以同时选择多个参照，那样只会让自己混乱，难以做出理智的决定。

工作能给我们的不应该只是薪水，如果我们觉得不快乐，不安全，完全可以改变这种状况，放弃一些东西。我们可以找到支持改变的方法，工作是为了更好的生活。人不可以同时选择多个参照，那样只会让自己混乱，难以做出理智的决定。

对于我们很多人来说，工作的第一目的就是为了薪水。但，工作能给我们的远远不应该只是一份薪水，甚至还是一份不满意的薪水。有些人，高薪做着自己不喜欢的事情；有些人，更是低薪做着自己不喜欢的事情。很多人工作得很不开心，或者已经对自己的工作抱怨了很久，但是从来没有采取任何行动改变。实际上，我们完全可以改变这种状况。

如果不喜欢自己的工作环境，就换个地方。没有人强迫你一辈子为这家公司工作。你要为自己的心灵、身体、财务状况和生活的其他方面负责。有时候，我们可以通过自己想要什么来知道自己的需要。有时候，我们可以通过从事自己更喜欢更有把握的事情，来了解到那些不痛不痒的状态是在浪费自己的生命。

不能过早给自己的人生假想一种固定状态。如果觉得不快乐，不安全，先不要过分说服自己去忍耐，而是要寻找一种可行的途径来了解有什么是自己更需要的。

以前我所在的单位一直让自己感到不安全。公司经营始终险象环生，过大的压力有时候让我感到自己是一个可有可无的人，甚至感到自己的部门也是可有可无的部门。后来我终于离开了原来的单位，离开后不久原来那个部门的同事几乎都在公司的大规模裁员中失去了工作，而且感到很挫败。

生活每天都会在我们身上塑造出一些固定的东西，久而久之，我们已经习惯于一种有规律的生活。我们习惯于每天早上6点起床，用鸡蛋和面包（当然或者是油饼豆浆）作早餐，上班路上买一份固定的报纸，下班回家后看一些固定的电视节目。我们有着固定的交往圈子，固定的娱乐项目……

　　长期下来，除非我们的确很麻木，我们肯定会有一种厌倦感：生活难道真的如此平淡？**事实上，人是有惰性的，喜欢沉醉在旧的东西之中。倒不是旧的东西有多么好，而是旧的东西是人们经历过多次的东西，肯定要保险得多，安全得多。**

　　其实，人是喜欢新的东西的。墨守成规固然是人的习惯，但喜新厌旧也是人性中的种子。可喜欢并不意味着就真的去做。新，当然好，但新的东西也同时意味着风险，意味着放弃。谁会为了一些尚不知道的东西，去放弃一些已经得到的东西呢？

　　创新就必须要放弃，放弃才能创新。

　　上面说的都是人的生活习惯，但这些生活习惯会延伸到我们的工作中，同时给工作上的创新制造障碍。

　　工作上的放弃也许更加困难，一方面是我们不知道应该放弃什么，因为一切看来都是那么理所当然，不容置疑；一方面则是因为我们不敢放弃。对于前者，我们要有怀疑一切的精神；对于后者，我们需要的就是勇气。

　　当我们在工作中一筹莫展的时候，想一想我们是否应该放弃什么了，或许能给我们帮助。当我们真正放弃了某些东西，才会知道我们真正需要什么东西。

　　没有做不到的事情，只有没有树立的目标。如果改变是我们的目标，我们就可以找到支持改变的方法。的确，在我们的生活中，那些给我们安稳和依靠的因素，也正是有时候束缚我们的因素。我们最亲近的人（例如配偶、孩子、父亲、母亲和亲密的朋友）是我们在职业变动中考虑最多的外在因素。我们担心自己的改变给亲人和家庭带来的影响。比如，也许我们自己喜欢的是一个和艺术或者音乐有关的工作，我们的才能也在这个地方，但是，我们的家人则可能需要我们从事一个收入很高的职业。我们本来喜欢去做一番风风火火的事情，但是，家庭期待我们去照顾，我们就此埋没了自己的能量。

事实上，我们选择自己的目标并非不爱我们的亲人。在涉及到我们自己的个人职业生涯时，我们应该先爱自己，然后才有能力爱别人，才有能力对亲人的生活做出有价值的贡献。有时候，我们自身的惯性也阻碍我们的改变。但，如果我们克服了这个惯性，我们的生活就会出现欢欣鼓舞的新局面。

我们一直要保证自己的思维处于活跃状态，或者至少我们要有这样的朋友，他们思想新颖、精力旺盛、喜欢冒险、有创造力。时常和这样的朋友相处，可以让我们的生命处于有能量的状态。我们就不会陷入逆来顺受的境况之中。

人们不去发展自己梦想中的职业是因为他们认为这种投入像跳进无底深渊一样危险。许多人认为其危险程度不亚于赛车和跳伞。实际上，有效的职业重塑像骑自行车一样安全、容易。就像刚开始学骑自行车时，你会谨慎地进行尝试，也会犯些小错误，但最后几乎人人都做得到。公司在做承诺时是有底线的。你必须明白你是可以被牺牲的。现在，一个单一的、固定的身份是一种负担。它使人在经济或个人情况突然变化的时候更加容易受伤。**为了事业和生活的幸福和安全，人应该拥有多种身份。多种身份不仅指我们做什么，也指我们是谁。我认为，这进一步说明了为什么我们需要经历几次职业转换而不是一次。**

什么样的人最累？我的经验告诉我，有责任心的人最累。我的职业生涯可以说是坎坷颇多，自己做过许多生意，但最终都以失败告终。好不容易，经朋友的帮助到他的公司帮他管理公司大小事务，毕竟经历的多，生活历练丰富，朋友自然对我放心。朋友是我的老板，而我对朋友也一直心存感激，对自己的工作要求更高，不但要求自己不能在工作上有任何闪失，对公司其他同事也严格要求。经常有人笑我，为别人打工还能忠心成这样，可以说是傻瓜了。可是我不以为然，我始终认为，无论做什么事都要负责任。责任心是工作中最重要的品质。可就是因为责任心，也常常让我感到力不从心。我想做个有责任心的人是辛苦的，但是要我改变自己的原则去做事那更难。脚踏实地、忠于自己的岗位，是现在很多年轻人都忽略了的职场法则，但是这却是职业生涯中非常重要的一点。

我是一个不太会生活，不太会自我娱乐的人，所以在埋头工作时常常忽视了生活，工作与生活的关系是要相融的，可是我往往在处理二者关系的时候失去了平衡，自己身心疲惫。随着时间的流逝和阅历的增长，慢慢地我开始分得清什么时候该拼命地工作，什么时候该放松自己，使我的生活更加有节奏，投入到工作中的精神状态也更加饱满。

记得摩托罗拉（中国）有限公司人力资源总监说过，他的职责之一就是要教会员工平衡工作与生活的关系。**工作其实是生活的一部分，工作是为了更好的生活。一些人活着是为了工作，结果他连死都死在工作中，这是不应该提倡的。**你曾经享受过一个真正的假期，而且是至少长达两星期？从那次的假期到现在，已经过了多久？有多久不曾抽空从事自己喜爱的工作？你认为自己别无选择，你需要这份工作，却害怕表达意见。你该怎么做，又能怎么做，以求改善工作条件？

美国知名的媒体记者乔·罗宾森曾经出版了《为生活而工作》一书，针对美国人"假期匮乏"的现象有深入的研究。对于工作与生活之间的平衡，乔·罗宾森认为其实有一大部分决定于你想要掌控自己生活的决心与意愿。改变就在一念之间，对于自己的时间，其实工作者本身有更大的影响能力。以下是他提出的几点建议：

1. 抛却工作罪恶感。虽然有些加班情况与工作计划的截止期限有关，另一些则来自上司的直接要求。但仍有许多情况，是因为没有人准时下班，所以你也不敢离开，不希望和别人不一样。不要再为任何理由而觉得自己在办公室做得不够多、留得不够久。着眼于具体的工作成果、而非外在表象，并且确定老板知道这些成果。

2. 休息一下，完成更多。我们让自己沉迷在追求生产的狂热心态中，就像置身于赛车轨道上一样，说服自己相信一秒钟也不可停息。一项英国进行的研究发现，有 32% 的员工都在办公桌前吃午餐。然而在午间花 15 分钟小睡一场，可以大幅提高一个人的警觉性，改善工作表现，并增进整体的健康状况。别再以忙碌作为借口，你绝对可以挪出 15 分钟让自己休息。

3. 向加班说"不"。沟通技巧是解决问题一个很重要的关键。你必须据实告诉老板工作过量的状况，提出你认为可行的解决方法。切记不要采取对抗的姿态，应该同时考虑老板的立场，以合作的态度共同协商出双赢的结果。

4. 停止匆促而忙碌的生活步调。愈来愈多的人发现自己正在与机器竞赛，因而夜以继日地疯狂工作，连假期也不例外。人们慌慌张张、想要更迅速地完成更多，总是试图抵达下一个目的地。就一两星期的生活做一份时间明细表。在一本日志上记下自己每天花掉时间的方式。在这个记录过程中，使用时间的模式会逐渐浮现，例如时间在哪个地方被浪费掉、你在哪些事情上投注了过多的时间、时间的安排有哪些不太妥当。

5. 别把自己累倒。你为了证明自己的价值而牺牲时间和健康，并且将任何违反这种慷慨赴义精神的行为视为软弱无能。其实根本没有必要。与其把感冒或其他疾病当成对工作无所助益的干扰，不如将它们视为一些机会，使你能够恢复体力，以便应付未来一年的工作需要。同时也让这些病痛提醒你：如果你不好好照顾自己的话，将可能面临完全失去行为能力的下场。

6. 明了自己的工作权利。虽然老板确实拥有相当大的权力，但事实上，你在职场中确实拥有一些权利，有些你自己可能不知道。在职场中善用权利的最好方法，便是彻底了解它们的内容。你应该让自己熟悉公司的政策，利用网络或图书馆研究职场法规，向政府机关查询，或是到书店挑选说明雇员权益的书籍。在提出任何要求之前，你必须做好自己的功课。

7. 不要浪费你的休假时间，争取更少工时，更多假期。某些企业文化会鼓励成员竞相夸耀过度工作的程度，这种风气可能让你以为自己应该放弃或缩短假期。然而，如果公司明文制定了休假政策，无论是纸上谈兵、或是切实奉行，你都有权依法享用所有的假期。为自己的需要提出要求。除非雇主知道你想要什么，否则你不可能会得到它。你必须证明自己可以同时满足公司的需求。重点是，因为这些充电的时间将使你恢复活力，你的工作效率将因此提高。

8. 在工作与家庭之间划下界线。拜科技奇迹之赐，如今有愈来愈多的人需要时时与办公室保持联络。你每天查看几次电子邮件信箱？这条戒律理直气壮地侵入你的假期、家庭、汽车、车库或浴室，把你原本可以自由运用的时间剁削成碎屑。

你需要有能力告诉自己（一开始可以大声说出来）：我现在要把工作的开关关掉了。关掉办公室的灯，将咖啡杯倒扣。寻找一些仪式，藉以帮助自己确定一天的工作已经结束。此外，你必须学着把生活区隔成不同的部分，把工作留在它所属的时段里，向它道别，然后安然迈向夜晚或周末。

9. 辞掉要命的工作。有些时候，受够了就是受够了。当健康或精神受到工作攻击，而你在用尽一切努力之后，仍然无法改变现状时，便有违反这条戒律的必要。我们必须将每一项工作看成类似顾问性质的短期合约。换句话说，就是不把自己当成隶属于这家公司的长期员工，保持独立性，并且在尊重契约的精神下各取所需，维持更换职务的弹性空间。

把生活和工作结合得比较好的地方很多，美国知名的思科公司算一个。从1984 年成立到 2001 年攀升至全球市值第一，这家公司在短短的十几年里做到了很多公司七八十年都难以做到的事情。身为企业人，尤其身在思科这样一个快速增长的企业，压力显然是避免不了的。**来自业绩的压力不可避免，企业面对着日趋激烈的竞争不可改变，思科的职业经理人们能做的是建立一种以业绩为导向的企业文化。**

思科文化讲求平等与授权。在思科，假如一个员工可以做决定，不必每件事都得一级级上报。你可以自己决定你的工作安排：你自己决定什么时候出差，什么时候来办公室，什么时候见客户。在基于一套完善的业绩管理基础上，放手让员工决定自己的工作安排，同时自己要对这个决定负责任。"我们采用的是制度管理，而不是人盯人的战术。"充分的授权让员工感受到的是充分的尊重与信任。

思科一直倡导上下平等。所有人的办公室都一样大，甚至好方位的办公桌要留给员工；不管是经理还是普通员工，享受着一样的福利待遇。总裁出差和职员一样乘坐经济舱等。无论是全球总裁钱伯斯还是思科中国的总裁，他们都是出了名的平易近人，毫无架子。有一个发生在美国的故事，一个员工的机器坏了，他急匆匆就在走廊上抓了一个人，让他帮忙来修理。这个人蹲在地上折腾了好半天，弄得满身油污，终于给修理好了。这时才发现这个人是集团副总裁。平等文化让员工避免了因森严的等级制度而导致的心理压力。

戴一块手表的人知道准确的时间，戴两块手表的人便不敢确定几点了。人不可同时选择多个参照，那样只会让自己混乱，难以做出理智的决定。现代人之所以会有很多烦恼，一个主要的原因就是选错了参照系，不能遵循正确的原则来处理生活中的问题。

和谐、宁静、幸福，是每个人都向往的。为了达到这个目的，人们就拼命工作、努力挣钱。可是在努力中却发现，越往前走，离自己心中向往的幸福越遥远。

　　这就是因为同时选择了"生活美满"与"财富增长"两个参照系，两者并不兼容。更好的做法，是用和谐美满的心态去面对工作，努力通过自己的工作，把生活中得到的和谐与安宁带给更多的人。

　　这样，工作就成了生活的延伸，在追求个人幸福的同时，也把幸福带给了更多的人。而工作中，由于你确实能对别人有所帮助，你提供的每个人都想要，那么，财富当然也自在其中了。和"为钱而工作"的心态相比，这样不是更健康吗？

第三十三篇　适时离去，但会回来

最艰难的不是创业，而是适时的退出。工作狂的出现是现代社会造成的，退休不是生活的尾声，而是另一种生活的开始。用休闲来养精蓄锐以赢取更大的成就，也积累人生的幸福。人生是自己的，可以有多种形式的选择。觉得必要，中间歇下来也未尝不可。

最艰难的不是创业，而是适时的退出。工作狂的出现是现代社会造成的，退休不是生活的尾声，而是另一种生活的开始。用休闲来养精蓄锐以赢取更大的成就，也积累人生的幸福。人生是自己的，可以有多种形式的选择。觉得必要，中间歇下来也未必不可。

再也不会有人能像华盛顿那样，以淡泊之心看待显赫的权利。

在成为美国第一任的总统，并且连续担任了两届后，华盛顿做出了历史性的决定：不参加竞选第三届的总统，尽管人民仍然很拥戴他，他也不愿意把权力长久地聚集在自己一个人的手中。他心中的理想是一个民主的社会，应该制约个人的权利，更应该让那些有才能的人脱颖而出。

1797年3月3日，是华盛顿担任总统职务的最后一天。他的告别宴会在同一天里举行。就在第二天，他作为前任总统出现在新总统的登基仪式上。人们想到了他在9个月以前曾经对人说过的话，在今天它们好像更加能反映出他此时此刻的心境："我早就有着这样的渴望，能够告老还乡，平静地度过晚年。想到自己已经在能力的范围内，为我的祖国尽了我最大的力量，我感到很是欣慰。"就在宴会快要结束的时候，华盛顿同军官一一告别，给自己倒满了酒。带着他那慈祥的面目，高举酒杯，然后说道："女士们、先生们，这是我最后的一次，以一位公仆的身份为大家的健康而干杯。我是真心诚意地为大家的健康干杯，祝大家幸福！"

人们突然寂静，连一点声音也没有了，一直到这个时候，他们似乎才知道了这是一个让人没有办法忘记的，而且十分庄重的时刻，这时快乐的气氛顿时变成了一种从来也没有过的严肃、宁静，女人们竟然没有办法抑制那一种突然袭击而来的激动，眼泪顺着眼眶流了出来。宴会就这样默默地结束了，人们是那么地希望它永远也不会结束，或者是希望它从来也没有举行过。

第二天上午华盛顿最后一次出现在国会大厦里。闻讯赶来的群众聚集在大

厦的每一个角落，就连礼堂里也挤满了人，他们只是想与华盛顿见上最后的一面、只想跟他告别。人们欢呼着，眼里充满了泪光，向缓缓走向大厅的华盛顿致意。亚当斯在就职演讲中，用他那无比敬仰的心情，来赞美华盛顿。因为他知道，在大厅里每一个角落的人们，都会有着同他一样的感到华盛顿那伟大而且平凡的魅力。他称颂华盛顿为"长期以来，用自己的深谋远虑、大公无私、稳健稳当、坚忍不拔的伟大行动来赢得了同胞们的感激，同时也获得了外国最热烈的赞扬，也博得了流芳百世、永垂不朽的荣光。"再也没有任何话语能确切地表达人们对华盛顿的热爱与崇敬了。热烈的掌声回荡在大厅里。

礼仪结束之后，华盛顿先行离开。他走到门口的时候，人们突然间难以自控，争先恐后地涌了过去，想再看看这位受着人们爱戴的老人。人们难舍难离，跟随他的马车一直走到了他所住的寓所门前。这是任何语言也没有办法取代的真诚欢呼。就在这一瞬间，领袖与民众、伟大与平凡、历史与未来，都得到了完美而统一的体现。

华盛顿哭了，他再也没有办法保持冷静。他没有想到，群众的热情竟然是这样的强烈。他走到了门口，慢慢把身体转了过来，人们发现，他的泪花在一滴滴地落下。他一时说不出话来，只是挥着手向人们表示谢意，任那满头的白发，胡乱地飘在那微微的春风里。这一瞬间的一切，都会永远地珍藏在人们的记忆里。

其实最艰难的并不是创业，而是创业成功以后适时的退出。不要贪恋光环，不要试图挑战（尽管对这一点人们总是尽情歌颂）。这就是一个成功者将成功保持到底的法宝。贪恋个人的意志，必将使你的成功走向反面：挑战人生的极限，必将要使你以失败告别人生。

近十几年来，在世界各国，妇女就业率上升，双职工家庭增多，人口老龄化等日益凸显的社会现象正在悄悄改变着人们的生活方式。今天的人们将承担更加重大的家庭责任。与此同时，全球经济不景气、失业率上升带给了人们普遍的危机感，一份好的工作在今天显得弥足珍贵。在这两方面的相互作用下，有关工作和私人生活之间的冲突问题变得尖锐起来。由于工作压力过大导致的早衰、亚健康、家庭不和等社会问题逐渐引起了人们的重视。**今天的人们变得比以前更加向往一种事业、家庭生活及个人爱好三者兼得的理想局面。**

托马斯·崔普是美国芝加哥一家银行的管理人员。前不久他辞去了工作。因为长期的工作压力已经对他的健康产生了威胁。过去崔普非常热爱自己的工作，但企业支出的削减与裁员影响了整个工作气氛，经理们周末和晚上都要工作。当周围的同事被裁之后，他的血压开始升高。最终他做出了离职的决定，到新西兰当了一名教师，那里是他妻子的故乡。崔普辞去银行工作的时间并不长，但目前他的血压已经恢复正常，自我感觉也非常良好。"虽然过去的薪水要比现在高出很多，但我可不愿意开着法拉利去送死。"他这样说道。

在我们身边有这样一种人——从正面看，他们勤奋、刻苦、上进心强，工作起来不知疲倦；从负面看，他们却是处于失控状态的、不愿意信任别人的完美主义者——他们就是我们所说的工作狂。

被同事公认为工作狂的某咨询公司员工说："我们公司人手比较少，公司又处于高速发展时期，领导比较器重我，让我做的事情比较多。因为我比较喜欢具有挑战性的工作，上进心又强，所以工作起来特别投入，往往不惜付出不吃饭不睡觉的代价也要把工作做好。"身边的人都说他是个工作狂。他却说："我一做事情就沉浸在其中，认为这是一种乐趣。"这与他的性格有关，从小就样样拔尖，做什么事都想做得最好，对事情、事物远比对人更感兴趣，喜欢沉浸在事务中，做事情专注，一定要做完、做好才能放松。

从总体上说，**工作狂的出现是现代社会造成的。**一方面，现代化带来的竞争越来越激烈；另一方面，城市化、都市化的进程加快，在城市生活越来越不容易；此外传媒、电视的发展也使得人的欲望被最大地激发了出来。现在，电视及各种传播媒体不断将富人的生活展现在人们眼前，告诉人们成功是个什么样子，富裕是个什么样子的。**无形中好像树立了一个目标，好像只有这样才是成功的，否则就是失败。人们再也不可能像以前在小山村中那样，过着自然平静的生活，而是不断被欲望所驱赶，一味追求所谓的"成功"。**

在我们国家，实际上学生在高中迎接高考时这种状态就已经开始了。只不过那时不是工作狂而是"学习狂"，学生将一天的所有时间都放在学习上面，而且不断跟别人攀比，家长自然也是全力支持。这与长大后工作的工作狂状态差不多，不同的是他们应对的是不同的"考试"。工作狂一般在情感上都有一些问题，他们往往认为情感是不重要的或对情感很冷漠，是很少有情感的一种人。他们也许有家庭，但心理上没有幸福的感觉，只有在工作时才觉得幸福。或者是有情感需要，但受到挫折进而逃避。

"以厂为家"，这个口号余音犹在，职场新生代已经大胆喊出了自己的另类心声：不以公司为家！对这个"以厂为家"的理念，生于上世纪80年代前后的职场新生代大多表示反对。对他们来说，绝对的事业成功不再具有最大吸引力，完美的人生应当等于健康的工作加健康的生活。他们爱说的话就是：请别让我超时工作。

有家公司是私营企业，所有人都看老板的脸色吃饭。老板对员工还算体恤，但他有个要不得的毛病：喜欢表面文章。见员工来得早，老板会笑眯眯地说："好！好！"见员工带病上班，会面带关切，深情地说："好！好！"看见员工过了下班时间还在伏案疾书，也会满目嘉许，重重地点着头说："好！好！"在环境的"锤炼"下，员工的表面功夫已臻一流：早早地来，晚晚地走，看见老板就做"西施捧心"状，老板还就吃这一套。偏偏新来的小刘兴趣爱好非常广泛，下了班喜欢和大学同学一起。每天尽量在8小时之内把工作做好，这样一到下班时间，就可以安排业余生活了。于是下班之后一片热火朝天的工作场中，他的位子总是空空如也。久而久之，这个空位子，就像一粒沙子，烙痛了老板的眼睛。年底，员工年度评估小刘的业绩、能力都过了关，就是"工作勤勉度"一项，成了公司倒数。老板语重心长地劝诫："年轻人，工作还是不要太懒散！"但小刘我行我素，依然按时上班，到点下班。但业绩一直不差，老板也找不出什么碴。渐渐地居然所有人都习惯了他下班之后的空座位。

"退休"两个字对正在奋斗着的职场人们似乎很遥远——他们还年轻。然而，有人却已经在计划退休了，这个计划的退休年龄与年龄无关：希望可以40岁退休，如果能35岁退最好。这些"新退休主义"者并不是在职场上混不下去的人，而恰恰是那些外表看上去更具有"成功"色彩的职场人。他们年富力强却"游手好闲"，他们事业有成却无心打理，他们离开办公室回到家中，他们抛开工作开始寻找自我，他们从急驰的轨道上从容走开，他们手里擎着一面旗帜，上面书写着两个大字：退休。于是，他们买菜做饭、看病住院、喝茶闲聊，过着优雅的"退休生活"。这些"新退休主义"的主要特征是：正值壮年、事业小有成就、本行业的骨干、主动要求"退休"。

传统上，退休是老年人的专利，是从忙碌的工作走向悠闲的生活。而这些退休的人宣称：**退休与年龄无关，想退就退；退休与事业无关，想做就做。退休不是生活的尾声，而是另一种生活的开始。**在他们看来，健康、亲情、友情和自由的意义正在超越金钱，暂时的休整也便于重新确定目标，获得事业上另一次提升和飞跃。

他们往往是事业有成的一批成功人士，住着优质的板楼，开着很好的车，典型的有钱又有闲的中产阶级。他们穿戴整洁，光彩照人却不刺眼。总是那样温文尔雅彬彬有礼，但又不失风流倜傥和绅士的幽默，谈话时总是让别人感到很舒服。

一般而言他们花钱的秘诀就是精算，不是不花钱，而是不乱花钱，甚至让一些原本不会产生效益的成本都能够变成利润。比如买的房子地段好，一路飙升升值无限。在传统的观念中，房子就是纯用来居住的，是个要花钱的东西，其实这就是忘记了生活成本也可以创造价值这个特点，关键是眼光。看好了，不知不觉中就又有了大笔的钱入账，而且还住上了好房子。这就是在职场事业中培养的精明，**用这份休闲来"养精蓄锐"以在职场上拼搏，赢取更大的成就，也积累人生的幸福。**

他们可称成功人士却从来不肯向别人承认，他们用投资的眼光看待自己的生活，在他们心目中甚至连衣食住行都是投资的一部分。他们工作繁忙，但不放弃对都市生活品质的追求和热爱，他们对经典的和现代的有着特殊的要求，在他们心目中，只有这两者完全统一，才是他们的终极目标。

回家，享受生活的美好，准备再出发。一家报纸的总编把这家报纸办出了名，找到了雄厚的资金之后便急流勇退。他以前曾经多次说过，自己 40 岁"退休"。退休后，除了拿基本工资外什么都不要。这么做，完全是为了干干净净地休息。"这就像一部汽车，开上个几千公里就要保养一次。我们把一生之中最美好的青春时光都奉献出来了，我们应该有权利休息一下。"他在本该日夜兼程的时候突然停下来，蛰伏，安静，思前想后。除搞些下午茶之类的名堂，还在悄悄复习功课，联系研究生考试。后辈的进取和竞争的激烈使他意识到，必须得补充养分，否则迟早有一天会被抛下的。还在准备解决人生大事。不仅准备结婚，还准备把孩子也生了，"当然，至少是结婚。"

过去，我们都习惯于一干几十年，到点才退休。**其实，人生是自己的，可以有多种形式的选择。如果觉得必要，中间歇下来也未尝不可以。**在这个时候思前想后，如同是到了一个大的车站。选择"退休"只不过是换一种活法，其实他们没有资本就此言退。很多理想还没有实现，很多想法还没有付诸实施。

选择坚持需要勇气，但选择放弃则更需要勇气。

钱是挣不完的，但如果失去了健康，却是多少钱都买不回来的。人们对所谓的中产阶级有这样的描述，就是事业有成，收入较高，拥有自己的不动产以及休闲时间。这最后一条却很难拥有，工作起来必须特别忘我，夜以继日，这样才有可能在竞争中立于不败之地。在中国很难有真正意义上的中产阶级。在这些人中，普遍的原因就是健康问题。由于长期的疲劳工作和巨大的工作压力，这些站在中年门槛上的人基本都处于"亚健康状态"。很显然，他们意识到了这种状态对他们的威胁，意识到了在这种状态下心态的不稳定和工作效率的降低。于是，他们有意识地对自己进行一次"大修"，以保证后半生的健康。

我想起了自己当年的雄心壮志，想起了这么多年的风风雨雨，想起了那些见过的形形色色的人和事。30岁了，事业刚刚开始，却已早生华发。我当然还不能退休，但我有必要好好想想过去，想想所经过的职场风浪。所以，如果你也曾像我一样幻想过自己的成功，就请你和我一样想想过去，适当地休息一下，然后重新走向让我们欢乐和悲哀的职场。